Salade jeunes pousses

Radhouen Chihaoui

Salade jeunes pousses

Etude du comportement de quelques variétés de salade jeunes pousses

Éditions universitaires européennes

Impressum / Mentions légales

Bibliografische Information der Deutschen Nationalbibliothek: Die Deutsche Nationalbibliothek verzeichnet diese Publikation in der Deutschen Nationalbibliografie; detaillierte bibliografische Daten sind im Internet über http://dnb.d-nb.de abrufbar.
Alle in diesem Buch genannten Marken und Produktnamen unterliegen warenzeichen-, marken- oder patentrechtlichem Schutz bzw. sind Warenzeichen oder eingetragene Warenzeichen der jeweiligen Inhaber. Die Wiedergabe von Marken, Produktnamen, Gebrauchsnamen, Handelsnamen, Warenbezeichnungen u.s.w. in diesem Werk berechtigt auch ohne besondere Kennzeichnung nicht zu der Annahme, dass solche Namen im Sinne der Warenzeichen- und Markenschutzgesetzgebung als frei zu betrachten wären und daher von jedermann benutzt werden dürften.

Information bibliographique publiée par la Deutsche Nationalbibliothek: La Deutsche Nationalbibliothek inscrit cette publication à la Deutsche Nationalbibliografie; des données bibliographiques détaillées sont disponibles sur internet à l'adresse http://dnb.d-nb.de.
Toutes marques et noms de produits mentionnés dans ce livre demeurent sous la protection des marques, des marques déposées et des brevets, et sont des marques ou des marques déposées de leurs détenteurs respectifs. L'utilisation des marques, noms de produits, noms communs, noms commerciaux, descriptions de produits, etc, même sans qu'ils soient mentionnés de façon particulière dans ce livre ne signifie en aucune façon que ces noms peuvent être utilisés sans restriction à l'égard de la législation pour la protection des marques et des marques déposées et pourraient donc être utilisés par quiconque.

Coverbild / Photo de couverture: www.ingimage.com

Verlag / Editeur:
Éditions universitaires européennes
ist ein Imprint der / est une marque déposée de
OmniScriptum GmbH & Co. KG
Heinrich-Böcking-Str. 6-8, 66121 Saarbrücken, Deutschland / Allemagne
Email: info@editions-ue.com

Herstellung: siehe letzte Seite /
Impression: voir la dernière page
ISBN: 978-3-8417-4930-7

salade jeunes pousses

Cet ouvrage éaboré Par Chihaoui Radhouen

Salade jeunes pousses

Texte et phots de Chihaoui Radhouen

L'auteur Chihaoui Radhouen

Salade jeunes pousses :

Etude du comportement de 10 variétés de salade jeunes pousses

Mizuna   Romaine rouge Feuille de chêne rouge

Pousses d'épinard Feuille de betterave   Lollo Rossa Batavia   blonde

Tango blonde   Barcelona   Tango rouge

Dédicace

Je dédie ce modeste travail

A mon père et ma mère,

Avec toute ma gratitude, ma reconnaissance et mon amour, pour leur encouragement, leur affection, leur patience, leur amour, leur dévouement et leur sacrifice constants tout au long de mes études. Que vous trouvez ici le témoignage de mon attachement, ma profonde gratitude et mon respect. Que Dieu vous préserve une bonne santé et une longue vie.

A mes chères sœurs et mes chers frères,

Pour le soutien moral et l'encouragement que vous m'avez accordés. J'espère atteindre le seuil de vos espérances. Que ce travail soit l'expression de ma profonde affection.

A mes amis Tawfik, Jalel, et Lamjed,

Que je remercie fortement, pour m'avoir présenté leurs aides et leurs soutiens afin de mener à bien ce projet de fin d'études.

A tous mes amis,

De l'option Production Agricole et l'option Gestion des Entreprises Agricoles promotion 2013. Qu'ils trouvent ici le témoignage de ma reconnaissance, ma fidélité et mon amabilité.

A tous ceux qui ont su m'apporter aide, soutien et encouragement aux moments propices.

Radhouen

Remerciements

Le présent travail n'aurait pu arriver à son terme sans l'aide, les conseils et l'appui d'innombrables personnes. Leur liste nominative complète ne tenant, hélas, pas sur cette feuille.

Je dédie spécialement ce travail en premier lieu à Mr. Tijeni MEHOUACHI encadreur du projet à qui j'adresse l'expression de mon grand respect : que vous soyez toujours l'exemple de la bonne mine et du sérieux.

Je remercie, vivement, M. Youcef Ghrib directeur général de la société Agroland-Tunisie, et mon Co-encadreur du projet pour son aide et sa qualité de communication. Qu'il trouve ici toute ma gratitude.

Je suis très reconnaissant à Mr. Julien HALLYNCK, de m'avoir dirigé et apporté ses connaissances et compétences lors de la réalisation de mon projet de fin d'études.

Je suis également très reconnaissant à tous les professeurs de département de la Production Agricole et Gestion des Entreprises Agricoles qui ont contribué à ma formation qu'ils retrouvent ici toute ma reconnaissance.

Enfin, Je remercie vivement les membres de jury, qui ont accepté de juger ce travail et d'avoir émis au cours de la soutenance des remarques et suggestions qui alimenteront la suite de mes travaux.

Résumé

Ce travail vise à étudier la caractérisation de la laitue conduite en plein champ, en termes de caractérisation du développement, de croissance (élongation et poids), et d'étudier le nombre de jours pour atteindre la coupe, ainsi que l'analyse du comportement variétal sur les rendements.

L'étude a été réalisée à la société Agroland-Tunisie située à la région de Sbikha, et elle a porté sur 10 variétés (Romaine, Feuille de Chêne, Lollo Rossa, Tango R, Batavia, Tango B, Barcelona, Mizuna, Red Chard Magenta, Island) en plein champ subissant le même type et conditions de culture afin d'identifier de bons géniteurs pouvant enrichir notre patrimoine génétique. Des paramètres morphologiques et des paramètres physiologiques ont été mesurés permettant ainsi d'évaluer le rythme de la croissance des organes aériens et des racines ainsi que la réponse de culture pour différentes coupes.

Les résultats obtenus ont confirmé que les variétés Tango B, Island et Red Chard Magenta sont les meilleures par rapport aux autres variétés. Cependant, on a noté que le nombre moyen de coupes et le nombre moyen de jours pour atteindre la coupe ont un effet sur les rendements.

Mots clés : salade, rendement, nombre de coupe, intervalle coupe-coupe.

Liste des abréviations

cm : centimètre
CRDA: Commissariat Régional du Développement Agricole
CTV : Cellule Territoriale de Vulgarisation
g/l : grammeparlitre
Ha : hectare
Km : kilomètre
mm : millimètre
T : tonne

Liste des tableaux

Liste des figures

Introduction générale

L'agriculture constitue une des principales composantes de l'activité économique en Tunisie et revêt un intérêtstratégique sur le plan économique en générant plus de 12% du produit intérieur brut (PIB),et en contribuant activement à la création d'emploi et à l'équilibre de la balance de paiement à travers les exportations (il a connu un excédent commercial d'une valeur de 48 millions de dinars, grâceà un taux de couverture des importations par les exportations de l'ordre de 103%*(MARHP, 2009)*.En plus évidemment de son rôle majeur dans la garantie de la sécurité alimentaire du pays.

La production nationale des cultures maraichères est estimée à 2,9 millions de tonnes en 2009 pour une valeur de 525 millions de dinars.

Et au niveau du gouvernorat de Kairouanon a enregistré une production qui a passée de 423248 T en 2007 à 652827 T en 2012,elle se caractérise par la diversité des espèces dont les principales sont : la tomate, pomme de terre, oignon, piment, artichaut, petit pois…la plupart de ces produits sont destinés à approvisionner le marché local et à dégager un excédent pour l'exportation qui enregistre une évolution notable d'une année à l'autre.

Tableau 1 :Répartition régionale des légumes en superficie et en production

Espèce	Superficies (ha)	Rendement(t/ha)	production(T)	La part (%)
Tomate	14108	72	403745	60,29
Pomme de Terre	850	21	17720	2,6
Piment	4776	15	72140,5	10,7
Pastèque et Melon	2040	55	110800	16,5
Fève et P.P	3900	5	18200	1,82
Oignon	1510	20	28900	4,31
Légumes à feuilles	970	19	18155	2,71

(CRDA Kairouan, 2012)

En Tunisie, le secteur des légumes occupe une superficie d'environ 152 mille ha/an, se répartissent sur 90 mille exploitations, la production globale moyenne est de l'ordre de 2,9 millions de tonne par an durant les cinq dernières années(CRDA Kairouan, 2012)

Dans ce secteur, on note les légumes à feuilles (ou la salade) qui sont parmi les cultures maraichères les plus importantes partout dans le monde. Ils sont appréciés de point de vue nutrition et usage médicinale, particulièrement en Afrique, en Asie et en Océanie (Remi, 2005). En témoigne, certains légumes à feuilles tels que le chou et la laitue présentant des concentrations importantes en vitamines A et C et en fer (Bailey, 2003 cite par Remi, 2005). De plus, les légumes à feuilles sont omniprésents dans le régime alimentaire de presque toutes les populations. En effet, sur les 275 espèces légumières les plus importantes en Afrique tropicale, 207 sont consommées pour leurs feuilles. La feuille du légume est consommée soit entièrement soit en partie, uniquement le limbe ou le pétiole.

La réussite du développement de la filière salade passe par la mise en œuvre d'une culture qui serait en mesure de fournir des produits de haute qualité et en quantité suffisante et qui serait capable de satisfaire une demande sans cesse croissante et de plus en plus exigeante aux attentes des consommateurs soit Tunisien soit Européen et d'augmenter la compétitivité de nos exportations au niveau des marchés internationaux c'est pour cela on constate des efforts importants qui ont été consentis en matière d'amélioration de la qualité et de la productivité.

La salade est une nouvelle espècequi se développe pour l'exportation, à travers des projets de partenariat entre les producteurs tunisiens et les opérateurs étrangers. Laquantité exportée est passée de 200 T en 2004-2005 à 6965 T durant la campagne 2009-2010 et les variétés les plus demandées sont la chicorée frisée, la chicorée scarole, la batavia, l'Iceberg, Tango, Lollo, Feuille de chêne rouge…
En Tunisie, la production de la salade est de l'ordre de 40 mille tonne en 2009 (D. Salem et N. Ali, Etude de la filière Salade, 2010-2011).Il s'agit d'un volume de production assez important, en progressionpar rapport aux années passées (14 mille tonnes en 2000).Cette production s'étale durant toute l'année(de septembre jusqu'à mi-mai) grâce à l'utilisation d'une large gamme de variétés.

Dans ce contexte, le présent travail vise à réaliser une étude du comportement de quelques variétés de salade jeunes pousses destinéesà l'exportation dans la société « Agroland-Tunisie »située à la région de Sbikha.

Ce document est structuré selon trois parties. La première partie de ce manuscrit est consacréeà la présentation des aspects bibliographiques liés à l'objet de cette étude. Cette partie est destinée à élargir le champ d'idées relatif au sujet pour mieux y inscrire le cadre général de ce travail.

La deuxième partie sera consacréeà la description de l'ensemble du dispositif expérimental et des méthodes de mesures et de dépouillement qui ont servi de support pour cette étude.

La dernière partie sera consacréeà la présentation et la discussion des résultats. En premier lieu, on exposera le matériel végétal utilisé, les mesures effectuées (les paramètres agronomiques : la longueur, le nombre de coupe, le nombre de jours avant la coupe et intervalle entre coupe-coupe, poids moyen de chaque variété. En second lieu, on va traiter l'analyse du comportement variétal sur les rendements.

SYNTHESE BIBLIOGRAPHIQUE

Etude technique de la culture de salade

I. Présentation de l'espèce

1. Définition

Au début si on parle de la salade on parle généralement à la laitue (genre Lactuca sativa) qui est une plante annuelle de jours longs à cycle court appartient à la famille des Astéracées (Composées) dont la majorité des espèces sont cultivées pour leurs feuilles tendres (consommées) a l'état jeune comme salade verte avant la montée en graines.

2. Morphologie de la plante

La plante de laitue se présente sous des aspects différents selon le stade végétatif et lavariété (Ctifl, 1997).
Elle est formée par une racine pivotante, courte de 25 à 30 cm, épaisse et chevelue et unerosette de feuilles entières ou roncières, brièvementpétiolée, capable ou non, selon le type, deformer une pomme. Après la pommaison, la tige subit une élongation et l'apex évolue en hampe florale ramifiée en corymbe (Chaux et Foury, 1994).

Les fleurs sont disposées en capitules panicules. Elles donnent des fruits duveteux appelésakènes. D'autres hampes florales peuvent se développerà partir de l'aisselle des feuilles de lapomme. La fasciation est fréquente chez les formes les plus pommées. Cette phase induit laproduction des graines. En outre cette phase rencontre des problèmes comme l'égrainage quicause des pertes énormes de semences.Chaque fleur, sans pédoncule, présente une corolle tubulaire ligulée a 5 dents constituée de
5 pétalessoudés. Elle est bisexuée et contient 5 étamines et un pistil. Les anthères sontsoudées entre elles formant un manchon qui sera traversé par le style lors de l'anthèse. Cecaractère morphologique est responsable de l'autogamie de la plante. L'ovaire ne contientqu'un seul ovule (Ctifl, 1997).
Le genre Lactuca comprend plus de 100 espèces mais on s'intéresse généralement à la Lactuca sativa qui est la laitue cultivée.

3. Classification botanique et types variétaux

La laitue cultivée (Lactuca sativa L.)est une plante diploïde (2n = 18), herbacée, annuelle, afeuilles entières en rosette qui appartient a la famille des Astéracées. Leslaitues sont classées en plusieurs groupes selon l'aspect du feuillage et de la pomme (Chauxet Foury, 1994)(Figure1)(Encyclopédie Encarta, 2005).

On distingue 6 groupes auxquels peuvent correspondre des aptitudes culturales particulières :

✓ **Laitue ne formant pas de pomme**

– **La celtuce ou laitue-asperge**(Lactuca sativa var. angustana) : la plante forme une tige charnue dont on consomme la moelle après cuisson et épluchage

– **La laitue à couper**(Lactuca sativa var. crispa) : développe une rosette très fournie, de feuilles libres. Autrefois récoltées par poignée, sur semis dense en passages renouvèles, elles sont aujourd'hui reprises en cultures pour être vendues en plante entière. De faible poids, elle a une mauvaise tenue à l'étalage (flétrissement par évaporation),elle est subdivisée en plusieurs catégories. Citons par exemple les laitues feuille de chêne ou Lollo. □

✓ **Laitues pommées** ((Lactuca sativa var. capitata) comprennent :

– **Laitue romaine**(Lactuca sativa var. longifolia): donnant une pomme oblonguecraquante avec une grosse nervure centrale, volumineuse mais moins serrée que dans les types suivants. Il existe des types d'hiver et d'été.

– **Laitue pomméefrisée ou batavia** : pommes a tendance aplatie et peuvent être volumineuses, à feuilles plus craquantes et nervures parallèles. Ces deux types ont des pommes assez rondes. Les batavias ont été elles-mêmes subdivisées en deux :

– **Batavia Européenne** : correspond globalement au type « Dorée de Printemps », à pomme non détachée de la jupe.

– **Batavia américaine ou iceberg** (correspond au type crispé à pomme détachée de la jupe) feuilles épaisses formant une petite pomme, assez peu recouverte. Très bonne tenue à la chaleur et résistance à la montaison.

– Le renouvellement des variétés est très rapide actuellement, partiellement en raison d'une recherche soutenue de génotypesrésistants aux différentes (nouvelles) races de mildiou de la laitue (*Bremia lactucae*), au puceron *Nasonovia ribis-nigri*, etc.

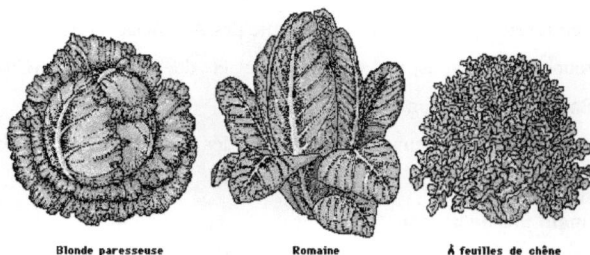

Blonde paresseuse   Romaine   À feuilles de chêne

Figure 1 : Quelques variétés de laitue cultivées

(Encyclopédie Encarta, 2007)

Tableau 2 : Les Principales Variétés Disponibles

Laitue	Variétés
Batavia rouge (abri/ plein champ)	BIJOU-ESTAFET-KAMALIA,CARMEN ,MAGENTA SPARTA ,VANOISE, Rouge Grenobloise ,Gloire du Dauphine, Merveille de Verano,D'hiver de Tremont
Batavia verte	*Abri :* ANGIE, NARISA, NOEMIE, ZOE *Plein champ :* BARONET,CAMPANIA, GLADYS NOISETTE ,REINE DES GLACES ,FRISEE DE BEAURE,GARSTORINA ,VANITY, Dorée de printemps,Pantheon,Vision
Feuille de Chêne rouge (FCR)	ARUBA ,BISCIA, ROSSA, GAILLARDE ,OSCARDE PICARDE ,RED SALAD BOWL
Feuille de Chêne verte	ARTEMIS, FENICE, SALAD BOWL, VEREDES
Romaine	AVESTA ,BACIO ,BALLON, LEANDER, REMUS ROSARIO, TERLANA, VALMAINE, XANADU, CHICON DES CHARENTES, Reale
Lollo rossa	LOLLO ROSSA,NIKA
Lollo blonde	Lollo
Iceberg	BENNIE, ICEBERG 4, MILUNA-EMBRACE COQUETTE- CAMPIONAS
Sucrine rouge	CARDINALE,ROSNY

(CL. Chaux, 2005-Fiche technique laitue)

II. Exigences climatiques et édaphiques de la salade

1. Exigences climatiques

1.1. Les besoins en température

Divers paramètres climatiques tels que la photopériode (courte), la température, l'air et l'humidité du sol, conditionnent le développement de laitue. Le zéro de végétation ($T_0 = 4°C$), qui est le seuil de température au-dessous duquel le végétal demeure pratiquement à l'état de vie ralentie, permet de calculer en fonction de la température moyenne journalière les degrés efficaces pour la croissance et le développement de la plante.

La température agit sur le développement des plantes tout au long de la culture. Son influence peut êtreappréciée par la mesure de l'intensité respiratoire (production de CO2) àdifférentestempératures.

1.1.1. **Température de germination**: en bonnes conditions, la germination est normale entre 0 et 25 °C. Au-delà de cette température, le taux de germination chute rapidement. Les t° optimales se situent autour de 18-20°C. Il faut souligner que la t° minimale de germination permet de semer tôt en plein champ ; les effets néfastes des hautes t° imposent un certain nombre de précautions lors des semis d'été. Les optimums en cours de culture dépendent du stade de développement, de l'intensité d'éclairement et de la variété

1.1.2. **La température du sol**:Elle joue un rôle important dans le développement de la laitue. Ce rôle a été mis en évidence dans les cultures sous abris.

- Au-dessous de 7 °C, la croissance racinaire est fortement ralentie, ainsi que la capacité des racines à absorber l'eau du sol. Il en résulte un déficit de l'alimentation hydrique pouvant conduire à des nécroses marginales. (ADAB. Fiche technique en agriculture biologique, 2006).

1.2. Intensité et durée d'éclairement

Elles peuvent devenir des facteurs limitant de novembre à février, en dépit des adaptationsvariétales : croissance ralentie et augmentation des délais de pommaison. De plus, en régimede faible éclairement, les nitrates s'accumulent dans la feuille, pouvant occasionner des troubles physiologiques.

De même, pour assurer un développement végétatif équilibré, les besoins enlumière deviennentplus élevés lorsque la température s'accroit (Chaux et Foury, 1994).

1.3. Les besoins en eau

Le volume de salades récoltées augmente avec l'augmentation des quantités d'eau apportée jusqu'à une limite, au-delà de laquelle, l'excès d'eau peut être nuisible à la culture (asphyxie racinaire et entrainement d'éléments fertilisants).

En cas de carence, la plante peut se faner ou présenter une nécrose marginale alors qu'une saturation permanente du sol en eau peut créer des tâches vitreuses sur feuillage, voir une pommaison défectueuse ou une montée en graine prématurée dans le cas de température élevée (Thicoipe, 1997).

Le besoin en eau de la culture est de 300-350 mm par cycle cultural. Plus de 80% des apports d'eau sont fournis durant le dernier mois de culture. Quelques jours avant la récolte, il faut réduire les apports d'eau afin d'améliorer la qualité des légumes obtenus (Ellatir et al. 2003).

1.4. Exigences édaphiques

L'étude du sol, sa composition et sa fertilité moyennant une analyse physico-chimique est considérée comme l'étape la plus importante pour le choix de la zone de plantation d'une culture pour réussir au mieux son introduction et d'atteindre le rendement le plus élevé. Pour cela il faut connaitre les exigences de la salade.

La laitue se cultive sur n'importe quel type de sol. C'est une culture à pH neutre allant de 6.5à8permettantlamiseenplaced'unéquilibreentrela plus partdesnutriments.

Ce sol doit présenter une bonne structure et un drainage adéquat pour faciliter la pénétration des racines et éviter l'engorgement excessif du sol auquel elle est très sensible ; ainsi qu'une certaine richesse en matière organique et un niveau adéquat de nutriments particulièrement dans les 25 -30 premier cm. Ce sol devra aussi présenter une forte rétention de l'eau pour subvenir aux besoins hydriques des laitues qui sont très sensible à la sécheresse (Thicoipe, 1997).

III. Techniques culturales

1. Respecter les rotations : une nécessité pour les maraichers :

C'est l'un des fondements de la réussite de l'agriculture moderne. Tout d'abord, la rotation a pour but d'entretenir la fertilité du sol et dans le meilleur des cas de l'améliorer. Ensuite, l'alternance des espèces avec des systèmes racinaires différents (pivot, fasciculé) permet aussi une amélioration structurelle du

sol. Enfin, elle est indispensable en agriculture en tant que mesure prophylactique pour limiter une dégradation de l'état sanitaire du sol en limitant la pression parasitaire.

La pratique de salade est conseillée avant ou après toutes cultures maraîchères ou céréalières (engrais verts et/ou culture moissonnée). (Villeneuve, 1999).

2. Travail du sol

Selon Verolet et al. (2000), le travail du sol va influencer l'homogénéité et le poids moyendes légumes; pour assurer un bon enracinement, on recherche, sur une profondeur minimale de40 cm, une texture légèrement motteuse, aérée en profondeur mais suffisamment fine et tasséeen surface pour être en contact étroit avec la graine ou le plant.

- Travail profond (0 à 25 cm): le décompactage préalable avec une sous-soleuse de 40 à50 cm de profondeur est souvent nécessaire (sol sec). Ensuite, travailler le sol à l'aide d'uneauto bêche.

- Travail superficiel (0 à 15 cm): il faut obtenir une structure grumeleuse en surface ; les planches sont habituellement réalisées au cultirateau.

- Tassement du sol, au rouleau, pour éviter les phénomènes d'effondrement lors des premières aspersions.

3. La fertilisation

Selon Laumonnier (1963), la laitue est peu exigeante en regard des fumures, elle se révèlesensible à l'apport des engrais .Dans des terrains trop riches en azote le feuillage prend undéveloppementexagéré, la pomme se forme mal et devient souvent spongieuse. Il en est demême pour les sols exagérémenthumifères, naturellement riche en azote. Dans ces derniersles cultures de laitues « échaudent ». Elles ne donnent de bons résultats qu'à la condition derétablir l'équilibre par des apports convenables d'acide phosphorique et de potasse.

Les doses de l'apport de fond doivent êtredéterminées en fonction de la richesse du sol (connue par analyses chimiques).

Les besoins de la laitue en élémentsminéraux, bien que modeste, s'expriment sur un cyclevégétatif court (8 à 15 semaines) et à partir d'un volume de sol réduit (faible volume racinaire). Les éléments nutritifs doivent donc se trouver sous des formes facilement assimilables (Chaux et Foury, 1994).

Pour garantir une bonne pommaison et assurer une teneur en nitrates correspondant auxnormes de qualité, le seuil d'azote est fixéeà 30 kg N-NO3 pour 30cm de sol en plein champ.

Pour les laitues beurre et batavia les exportations mesurées varient selondes travaux menés aussi bien en serre qu'en plein champ et selon la saison, dans les margessuivantes. (Tableau3)

Les exportations de la salade sont résumées dans le tableau suivant :

Tableau 3: Les exportations de la salade

	Moyenne	Maximum	Minimum
Rendement T/ha - Matière fraiche -Matièresèche	42 1,7	57 2,4	1,2 34
Exportation en Kg/ha - N - P_2O_5 -K_2O -MgO -CaO	80 40 170 10 40	109 91 221 13 55	63 25 137 5 17

Source: Ctifl (1997)

4. Fumure organique

Il est souhaitable d'avoir un taux de matière organique élevé (4 à 5 % en pleine terre et 5 à 8 % sous serre), d'une part afin d'obtenir une bonne structure favorisant l'accroissement des racines, et d'autre part parce que plus le taux de matière organique d'un sol est élevé, plus les plantes peuvent supporter unesalinité élevée. Néanmoins, l'apport de matière organique peu dégradée avant plantation est déconseille (attention en particulier au fumier peu ou pas décomposé et aux engrais verts en précédent direct), car une forte minéralisation peut accroitre brutalement la salinité et la libération azotée.

Les excès de fumure azotée se caractérisent par une grande sensibilité aux maladies (botrytis en particulier) et aux attaques de pucerons, l'absence de pommaison, un port plat allant jusqu'à la forme d'une assiette, des feuilles petites et de couleur vert foncée, elles sont gaufrées avec des brunissures. Les carences provoquent l'absence de pommaison, un port relève, des feuilles petites et de couleur verte jaunâtre avec des reflets rouges marginaux ; les feuilles âgées jaunissent et meurent.

Tableau 4 : Symptômes de carences en oligo-éléments et les solutions

Eléments de carence	Symptômes	Cause	Solutions
Bore	Feuille dure et cassante ; système racinaire très peu développé	Surchaulage ou sol trop calcaire	Engrais acidifiant : soufre (50 a 150 kg/ha), patentkali, kieserite ou autre engrais apportant du soufre (forme sulfate). Engrais foliaire contenant du bore (type Cosynol ou Solubor C)
Molybdène	Nécroses marginales et terminales, surtout des vieilles feuilles ; le bord de la feuille est souvent relève	Sol acide	-Chaulage -Engrais vert : exemple légumineuses (qui utilisent le molybdène pour fixer l'azote atmosphérique, et donc l'accumulent dans leurs tissus)
Cuivre	Chlorose inter-nervure surtout sur les jeunes pousses; nécroses marginales et terminales sur les vieilles feuilles ; les parties nécrosées sont relevées et de couleur brun blanchâtre	Surchaulage ou sol trop calcaire	Engrais acidifiant : soufre (50 à 150 kg/ha), patentkali, kieserite ou autre engrais apportant du soufre (forme sulfate). L'utilisation de sulfate de cuivre en AB limite sensiblement l'apparition de ce type de carence

(J-François VEROLET et al., 2006)

IV. Les différents problèmes rencontrés chez la salade

1. Les maladies

1.1. Les maladies cryptogamiques de la laitue

☐ **Le mildiou**

Les jeunes plants sont particulièrement sensibles au mildiou. Brémia lactucae se développetrès rapidement sur les cotylédons qu'il recouvre de ses nombreuses fructifications blanches.Il envahit les tissus foliaires qui chloroses.

Sur les plantes plus âgées, il se développe d'abord sur les feuilles de la couronne. Il y provoque de larges tâches vertes pales à jaunes, délimitées par les nervures et donc plus au moins angulaires. Ces tâches finissent par se nécroser et prennent une teinte brune claire.

Bremia lactucae fructifie en particulier à la face inferieure des feuilles avant ou après que les tâches chlorotiques soient visibles sur le limbe (Blancard et al. 2003). (Figure 2)

Figure 2: Bremia lactucae sur laitue Beurre

(Blancard et al., 2003)

♦ **La pourriture grise**

En pépinière, les fontes de semis sont rarement dues à *Botrytis cinerea*. En cours de culture et à l'approche de la récolte, les attaques de ce champignon peuvent se matérialiser par de brusques flétrissements de plantes, isolées ou en foyers, consécutifs à une altération du système vasculaire (Blancard et *al.* 2003). (Figure 3)

Figure 3 : Pourriture humide envahissant la pomme d'une laitue

(Blancard et al., 2003)

♦**Sclérotinia**
Sclerotiniasclerotiorum et Sclerotiniaminor

Ces deux champignons provoquent des symptômes très semblables sur salade après plantation et surtout au moment de leur pommaison et à l'approche de la récolte. Ils sont responsables d'altérations humides et de couleur marron claire affectant les parties des plantes au contact du sol et notamment les feuilles sénescentes. Ces altérations évoluent très vites en une pourriture qui se généralise aux strates de feuilles proches du sol (Blancard et *al.* 2003). (Figure 4) et (Figure 5)

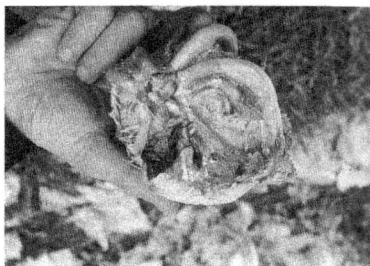

Figure 4: Dégâts causés par *Sclerotiniasclerotiorum*

(Blancard et *al.* 2003)

Figure 5 : Dégâts causés par *Sclerotiniaminor*

(Blancard et al. 2003)

1.2. Les maladies bactériennes

Des tâches d'abord translucides, parfois luisantes, humides, devenant rapidement sombres à noires peuvent se développer sur le limbe des salades, souvent à la suite de périodesclimatiques humides ou d'irrigation par aspersion. Si l'humidité persiste, ces tâches vonts'étendre provoquant parfois une pourriture limitée qui peut se généralise à la pomme etgagnant la tige. Ces symptômes sont dus aux bactéries suivantes : *Pseudomonas cichorii,Xanthomonascompestrispv. vitians, Pseudomonas marginalispv. marginalis, Pseudomonasviridiflava, Pseudomonas fluorescens*(Blancard et *al.* 2003).

1.3. Les maladies virales de laitue

♦ **Virus de la mosaïque de la laitue** (*Lettucemosaic virus* = LMV)

Le virus de la mosaïque de la laitue, transmis par pucerons et par la graine pour certaines souches, est l'un des virus les plus dommageables sur salades. Il peut avoir lieu en pépinièresi les semences sont contaminées ou à la suite d'infections précoces des plants par les puceronsvirolières. Dans ce cas, la croissance des salades est perturbée et les plantes restent naines oula pomme ne se forme pas. Ce virus est responsable de marbrures et de mosaïque plus aumoins marquées (Blancard et *al.* 2003). (Figure 6)

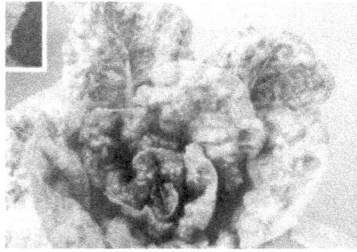

Figure 6: Virus de la mosaïque de la laitue

(Blancard et *al.* 2003)

2. Les ennemis de la laitue

2.1. Limaces, mineuses et thrips

Plusieurs prédateurs sont responsables d'altérations plus ou moins orangées sur le limbe des salades.

- C'est le cas des dégâts de certaines limaces broutant très localement les tissus foliaires du limbe et des côtes (Blancard et *al.* 2003).

- Les mineuses aussi provoquent de multiples ponctuations graisseuses à orangées à la suite de leurs piqûres nutritionnelles (Blancard et *al.* 2003).

- Les trips entraînent de minuscules nécroses orangées, allongées, aux reflets métalliques (Blancard et *al.* 2003).

2.2. Les noctuelles

Noctuelles terricoles (vers gris) : *Agrotis spp*: les chenilles de 3,5 cm de long, charnues, de couleur variable, grisâtres à verdâtres, surmontées de tâches ou de bandes foncées, provoquant un collet rongé et des feuilles découpées (Blancard et *al.* 2003).

Matériels et Méthodes

Présentation de la société

I. Localisation

La société Agroland Tunisie est une société privée située à environ 2km de la délégation de Sbikha, gouvernorat de Kairouan.

Les limites

Le domaine de la société est limité:

- Au nord par la délégation de Sbikha.
- Au sud, par des exploitations privées.
- A l'est l'Office des Terres Domaniales d'El Alam (OTD)
- A l'ouest route GP3 reliant Kairouan-Tunis

II. Données climatiques

La délégation de Sbikhaest une région située dans la zone nord centrale du gouvernorat de Kairouan fait partie de l'étage bioclimat aride supérieur, à hiver tempéré. Il s'agit d'un climat continental marqué par un été très chaud et un hiver frais.

1. Pluviométrie

Elle est caractérisée par une grande variabilité d'une averse à une autre, d'un mois à un autre et même d'une année à une autre, c'est ce qui caractérise le régime pluviométrique irrégulier.

La moyenne est de l'ordre de 300mm/an, la répartition saisonnière est comme suit :

Automne   : 90mm ....30% de la moyenne

Hiver   : 95mm ....30% de la moyenne

Printemps : 75mm ....28% de la moyenne

Eté   : 40mm..........................12% de la moyenne

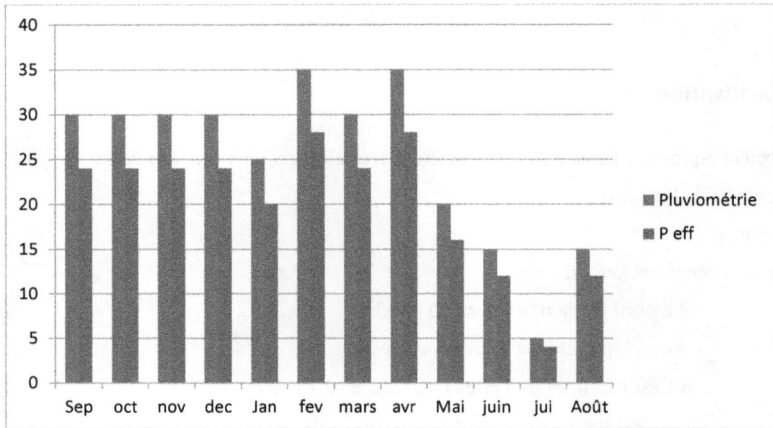

Figure 7 : Répartition mensuelle moyenne de la pluviométrie (CTV, Sbikha, hiver 2012)

2. Température

La température moyenne annuelle est de 20°C. La moyenne du mois le plus chaud (juillet) atteint 38°C, celle des minima est de 5°C au mois de janvier.

Cette amplitude thermique illustre le caractère continental de la région qui limite par conséquent le choix des cultures.

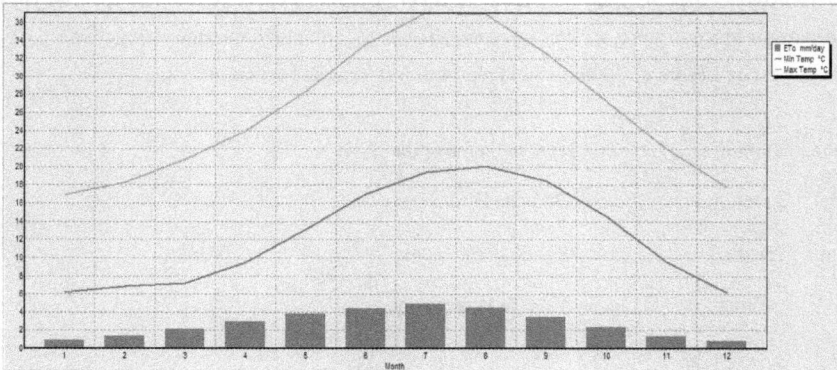

Figure 8 : Moyennes mensuelles de la température

(Source: Agroclimatical Study In The Arab Countries, CTV Sbikha, hiver 2012)

3. L'évapotranspiration

C'est un facteur très important surtout pour le calcul de la dose d'irrigation. Par conséquence à son existence dans l'étage aride supérieur à hiver doux,caractérisé par des étés à sécheresse prononcée, la régionde Sbikha est caractérisée par une évapotranspiration assez élevée qui s'étale sur 7 mois allons d'avril jusqu'à octobre comme l'indique la figure ci-dessous :

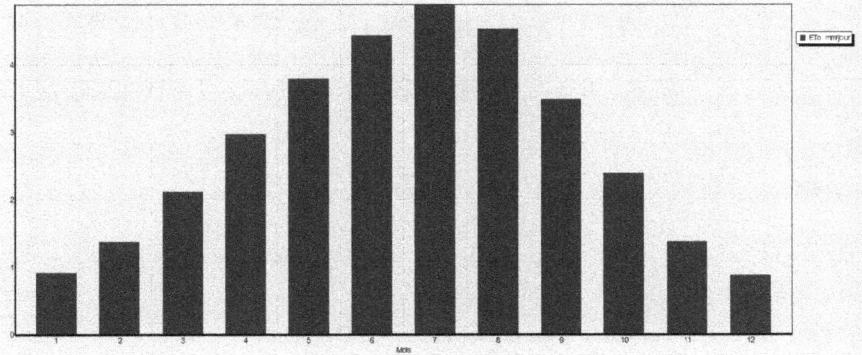

Figure 9 : Evolution de l'évapotranspiration de référence moyenne sur la dernière décennie

(CTV Sbikha, hiver 2012)

4. Le vent

En général, la région est soumise à l'influence de deux vents dominants :

- Vent du Nord –Ouest en hiver.
- Vent du Sud-est en été.

Les vents au printemps sont orientés Nord, Nord-est et Est. Par contre en automne, les vents du Sud-ouest sont dominants.

La vitesse moyenne varie généralement entre 8m/s et 10m/s.

Le sirocco est de direction Sud et Sud-ouest, d'origine saharienne relativement fréquent, se fait sentir surtout en été avec une moyenne de 51 jours par an, soit un jour sur sept en moyenne.

5. Les gelées

La gelée est fréquente au niveau de la zone mais elle est peu durable .Elle commence en décembre jusqu'au mois de Mars avec une moyenne annuelle de 3.4 jours et une répartition indiquée comme suit :

Tableau 5- Nombre moyen de jours de gelée

Mois	Décembre	Janvier	Février	Mars
Nombre moyen de jours de gelée	0.5	1.7	0.9	0.3

Source: Agroclimatical Study In the Arab Countries (CTV Sbikha, été 2009)

6. La grêle

La zone de Sbikha est située dans un couloir de grêle, les moyennes de la zone sont présentées dans le tableau suivant :

Tableau 6- Nombre moyen de jours de grêle

Mois	Sep	Oct.	Nov.	Déc	Jan	Fév	Mars	Avr	Mai	Juin	Jui	Août
Moyenne	3.1	1.9	0.5	0	0.5	0.5	1	1.3	2.3	2.3	1.6	2.4

Source: Etude Agroclimatical study In the Arab Countries (CTV Sbikha, été2009)

III.   Les équipements :

La société est dotée d'un parc de machinisme très perfectionné et très adapté aux conditions du milieu.

1. Occupation du sol:

– Surface totale : 260 ha
– Surface cultivée en arboriculture : 160 ha (90 ha pêche, 70 ha abricot)
– Surface cultivée en salade : 100 ha
– Le taux d'intensification pour la salade = 111.4 %

Le but de ce travail est d'étudier le comportement de quelques variétés de salade jeunes pousses destinée à l'exportation.

2. Caractéristiques physico-chimiques et hydriques du sol :

Tableau 7: Tableau récapitulatif des analyses du sol (source :archives de la société Agroland Tunisie ,2012) (les copies originales: voir annexes)

N° parcelle	Surface (ha)	Texture et couleur	Etat physique Granulométrie (pour mille)	Eléments nutritifs (g/kg)	Oligo-éléments	M.O et CaO (g/kg)
E27	5	Sol sablo-Argileux Calcaires -jaune	-Argiles : 225 -Limons fins : 107 - Sables fins : 355	-N total=0.99 -P$_2$O$_5$=0.141 -K$_2$O=0.347 -MgO=0.694	- Cuivre :2.5 -Zinc : 1 - Manganèse :10 -- Fer : 15 -Bore soluble :1.1 -Sodium : 0.401	-13.4 Faible -Rapport : C/N=7.9 - CaO : 13.6
E26	10	Sol Sablo-Argileux Calcaires -jaune	-Argiles : 178 -Limons fins : 75 - Sables fins : 392	-N total=0.97 -P$_2$O$_5$ =0.128 -K$_2$O=0.290 -MgO=0.587	- Cuivre : 1.9 -Zinc : 2 - Manganèse : 8 -- Fer : 13.8 -Bore soluble :1.3 -Sodium : 0.380	-12.2 Faible -Rapport : C/N=7.3 - CaO : 13
E25	15	Sol argilo-limoneux Calcaires -Marron	-Argiles :603 -Limons fins : 288 - Sables fins : 44	-N total=1.4 -P$_2$O$_5$ =0.127 -K$_2$O=0.630 -MgO=1.408	- Cuivre : 2.2 -Zinc : 2 - Manganèse : 8 -- Fer : 12.8 -Bore soluble :1.2 -Sodium : 2.420	-17.7 Faible -Rapport : C/N=7.4 - CaO : 16
E22	18	Sol argilo-Limoneux Calcaires -Noir	-Argiles : 561 -Limons fins : 244 - Sables fins : 79	-N total=1.4 -P$_2$O$_5$ =0.159 -K$_2$O=0.561 -MgO=1.389	- Cuivre :2.2 -Zinc : 1 - Manganèse : 9 -- Fer : 13 -Bore soluble :2.6 -Sodium : 2.043	-18.2 Faible -Rapport : C/N=7.6 - CaO : 15.7
E3	25	Sol argilo-Limoneux Calcaires -Marron	-Argiles : 611 -Limons fins : 262 - Sables fins : 77	-N total=1.4 -P$_2$O$_5$ =0.138 -K$_2$O=0.537 -MgO=1.477	- Cuivre : 2.3 -Zinc : 1 - Manganèse : 7 -- Fer : 14 -Bore soluble :1.9 -Sodium : 1.376	-17Faible -Rapport : C/N=7.1 - CaO : 16.6
E4	25	Sol argilo-Limoneux Calcaires -Marron	-Argiles : 533 -Limons fins : 263 - Sables fins : 78	-N total=1.4 -P$_2$O$_5$ =0.201 -K$_2$O=0.545 -MgO=1.402	- Cuivre :2.2 -Zinc : 1 - Manganèse : 9 -- Fer : 13.7 -Bore soluble : 2 -Sodium : 1.384	-18.2 Faible -Rapport : C/N=7.6 - CaO : 15.7

3. Objectifs

Tableau 8 : Principaux objectifs de la société:

Années	Superficie	Production espérée et les actions
2001	60 ha	Lancement du projet
2002	60 ha	Construction des bâtiments
2003 et 2004 et 2005	60 ha	Installation du verger
2006 et 2007	60 ha	-30 ha pêche : 300T -30 ha abricot : 300T
2008 et 2009	120 ha	-40 ha salade : 400 T -40 ha pêche : 400 T -40 ha abricot : 400 T
2010	170 ha	--70 ha salade : 600 T -60 ha pêche : 600 T -40 ha abricot : 300 T
2011 et 2012	260 ha	--100 ha salade : 900 T -90 ha pêche : 1100 T -70 ha abricot : 500 T

4. Matériel végétal

Pour la réalisation de ce travail, on a suivi une gamme de dix variétés de différents types qui sont présentées dans lafigure 10 et le tableau 9 ci-dessous :

Mizuna   Romaine rouge   Feuille de chêne rouge

Pousses d'épinard   Feuille de betterave   Lollo Rossa Batavia blonde

Tango blonde   Barcelona Tango rouge

Figure 10 : collecte des 10 variétés de salade jeunes pousses cultivées (JPS)

Tableau 9 : Description des dix variétés plantées en plein champ

Types	Variétés	Caractéristiques
Salade Rouge	Romaine	La romaine rouge est une variété craquante et goûteuse de la famille des batavias. De couleur rougeâtre, elle apporte de la couleur à vos mélanges.
	Feuille de chêne	-Variété triple rouge, compacte été équilibrée. Plante facile àmanipuler. Fond serré et sain. -Très bonne capacité de remplissageen conditions chaudes ainsi qu'à l'entrée de l'hiver.
	Lollo Rossa	-Elle se caractérise par sa couleur verte teintée de rouge et ses feuilles finement ondulées. -Variétélente à monter,Feuille brillanteet en volume.
	Tango	Tendre et fine, la feuille est appréciée pour sa saveur et délicatesse
Salade Blonde	Batavia	-Batavia très volumineuse et poussante, en toutes conditions de sols et climats. -Plante vigoureuse de belle présentation. Port érigé. Se remplit bien même en périodesfroides. -Bon comportement face aux tâches nécrotiques sur côtes. A privilégiersur les créneaux précoces et tardifs
	Barcelona	-Plante vigoureuse de belle présentation. Port érigé. Se remplit bien même en périodes froides
	Tango	Même que Tango rouge
Mizuna	Extra-frisée	-Ses feuilles allongées, en dent de scie, au vert très prononcé, dégagent un goût frais légèrement poivré. -D'apparence proche de la roquette, la Mizuna vient du Japon.
Betterave	Red Chard Magenta	-Très résistante, la RedChard est appréciée pour sa saveur croquante et goûteuse. -Son aspect original apporte à vos mélanges du caractère.
Epinard	Island	Plante érigée, compacte et drageonnée. Feuille de couleur foncée. Bonne puissance germinative. à cycle rapide. Semis de mi-août à finmars pour des récoltes de mi-septembre à début mai. -Ces jeunes pousses sont appréciées par leur saveur croquante et légèrement amère. -L'épinard se consomme de préférence cru en salade.

IV. Les techniques culturales pratiquées au champ de la salade :

1. Préparation du sol

L'exploitation est certifiée selon le référenciel Global gap afin de garantir la sécurité alimentaire et le respect des bonnes pratiques agricoles aux clients.

Global gap : est un organisme du secteur privé qui définit des référentiels sur la base du volontariat pour la certification des produits agricoles y compris aquaculture au niveau mondial.

2. Le Travail du sol

La préparation du sol se fait juste après la fin de la récolte de chaque variété (Début d'Avril jusqu'à début mai) c'est pour cela on aura un passage par le déchaumeur combiné avec un rouleau (40 à 50 cm) quipermet de casser la croûte de surface et de mélanger les résidus de récolte, dans le premier sens et dans l'autre sens on passe avec un sous souleuse (50 à 60 cm), par la suite le sol reste durant la période estivale exposé aux rayonnements solaires(C'est la principale méthode physique, elle favorise la vie microbienne, en particulierla flore antagoniste (Trichoderma). Le but de cette technique est d'augmenter la température dans le sol afin de tuer les organismes pathogènes, et détruire les banques de graines).

Avant la plantation (mi-aout- début septembre), il y aura un $2^{\text{éme}}$ passage par le déchaumeur si non (si ce travail est insuffisant),on refairele même travail.

-Pose des tuyaux de chaque vanne puis on aura distribution de l'eau dans la parcelle pendant 2 à 3 heures.

-Après 2 à 3 jours: on a un travail du sol avec la rotobêche (25 à 30 cm) pour ameublir le sol

-Travail du sol avec cultirateau pour préparer des planches (1ére passage) (chaque planche a une longueur de 250 m, et une largeur de 1,6 m)

-Fertilisation du sol (Distribution des engrais : Humivigor (Germiflor), Italpollina)

-S'il ya présence des mottes on fait un arrosage de 2 heures et un $2^{\text{éme}}$ passage par cultirateau qui permettra d'enfouir la fumure, et enfin on aura le semis.

Figure 11 : Les principaux Outils utilisés pour le travail du sol (sous souleuse à droite et déchaumeur à gauche

Figure 12 : Outils utilisés pour préparer les planches (un cultirateau à gauche et le rotobêche à droite)

3. Les opérations d'entretien

3.1. La Fertilisation :

3.1.1. L'apport de matière organique :

L'apport de matière organique sous forme de compost peut avoir des effets bénéfiques sur les microorganismes telluriques. D'une part, un taux de matière organique important défavorise les nématodes phytophages et peut donc limiter leur prolifération. D'autre part, la matière organique permet d'augmenter l'activité microbienne des sols, en particulier des bactéries et champignons saprophytes, qui entrent en concurrence avec les champignons phytophages, notamment en matière d'oxygène ou de composés azotés. De plus, avec les composts, on peut apporter des microorganismes antagonistes luttant contre les maladies et présents naturellement dans l'amendement. Tout ceci participe à la création de la résistance des sols. Les engrais organique apportés comme engrais de fond sont :

1. **Germiflor** : c'est un compost de matières végétales s'appelle Humiflor orvega (Humivigor) qui est sous forme granulé et constitué de :

– 1.7% Azote total organique non uréique du MAZOR (tourteaux végétaux de pulpes deraisin et d'olives marc de café).

– 0.8 % Anhydride phosphorique (P_2O_5)total des produits organiques

– 0.4% Oxyde de Magnésium (MgO) total des produits organiques

– 65% matière organique sur produit brut, C/N =20, 2.3% CaO, matière sèche = 87%.

La dose d'application : 9 sacs/vanne de 35 kg à raison de 1,050 T/ha

2. **Italpollina** : c'est un engrais organique sous forme granulé composé de :

– 4% Azote

– 4 % Anhydride phosphorique P_2O_5 total

– 4% Oxyde de potassium K_2O

La dose d'application : 12 sacs/vanne de 35 kg à raison de 1,4 T/ha.

Généralement les engrais de fond qu'on a cité ils sont mélangés et distribués avec un épandeur d'engrais dans le sol déjà préparé.

3.1.2. Les engrais d'entretien :

1. **Oasi starter** : c'est un engrais liquide novateur à utiliser au moment du semis ou de transplantation qui vise à encourager la formation du système racinaire (effet starter-forte

---

teneur en phosphore), à améliorer la croissante des plantes et à augmenter la résistance au stress hydrique.

La combinaison de l'azote ammoniacal et organique garantit une mise à disposition continue. Les substances humiques favorisent l'activité biologique du sol et stimule la croissance de la salade. Il favorise aussi l'absorption des substances nutritives déjà présentes dans le sol

Il est composé de :

- Azote ammoniacal 1.5%,

- Azote organique 1.5%,

- P_2O_5 soluble dans l'eau 7%)

Et il est distribué juste après le semis de 5 à 6 jours à raison de 3 L/vanne soit 10 L/Ha).

2. Sulfato de Hierro : c'est un engrais chimique distribué juste après le semis de 2 à 3 jours et il est constitué de :

- Trioxyde d'azufre (SO_3) soluble 27%.

- Hierro (Fe) soluble 18%.

La dose d'application est de : 2.5 sacs de 25 kg /vanne soit 209 kg /ha.

3. Nitrato di calcio : c'est un engrais chimique distribué juste après le semis d'une semaine pour l'épinard seulement et il est constitué de :

- Azote ammoniacal : 1.5%

- Azote nitrique :   14%

-Ammonitrate :c'est un engrais chimique (contient 33.5% d'azote) distribué une seule fois dés la germination ou après la 1ére coupe pour toutes les variétés à raison de 60 kg/vanne soit 200 kg/ha.

Concernant les engrais d'entretien qu'on a cité ils sont distribués dans l'eau d'irrigation sous forme de fertigation à l'exception de l'ammonitrate qui est distribué directement par l'épandeur d'engrais.

• **Semis :**

Le semis s'opère en place, en pleine terre avec un semoir spécial pour les cultures à petites graines et combinée avec deux rouleaux l'un en avant et l'autre en arrièrepouravoir le bon contact avec le sol comme l'indique la figure suivante. Cette opération peut débuter dès la première semaine de l'automne (début septembre) et peut durer jusqu'à fin mars pour avoir des récoltes à dates échelonnées. (Concernant le plan de semis salade jeunes pousses JPS : Voir annexes)

Figure 13 : Effectuation des semis de différentes variétés sur des planches

Tableau 10: Présentation des variétés cultivées et leurs doses de semis

Type	Variété	Ecartement	Profondeur de semis	Dose de semis
Salade Rouge	Romaine	-Entre les lignes : 8cm -Entre graines : 1cm	1 cm pour toutes les variétés	1200 graines/m^2
	Feuille de chêne			
	Lollo			
	Tango			
Salade blonde	Batavia			
	Barcelona			
	Tango			
Mizuna	Extra-frisée	1.25 x 8cm		960 graines/ m^2
Betterave	Magenta	1.5 x 8 cm	2 cm	800 graines/ m^2
Epinard	Island	1.5 x 8 cm	1 cm	800graines / m^2

• **Irrigation**

Pour les ressources en eau dans la société, elles proviennent principalement de 2 sondages (de profondeur 72 m) qui sont en travail pour remplir les 2 bassins (chacune de 4500 m^3) et par la suite elles seront transférées pour les différentes cultures.

Le 1^{ér} sondage a ces caractéristiques :- le débit : 55 L/S

- salinité : 1.69 g/l

Le 2éme sondage a ces caractéristiques : - le débit : 28 L/S

- salinité : 1.65 g/l

Les besoins en eau de la salade sont estimés à environ 300-350 mm par cycle cultural, en plus de la quantité des pluies, à répartir sur toute l'année. Dans la région de Sbikha où les précipitations atteignent 300mm et cette quantité est fluctuante avec les années.

En général, dans la société après savoir l'état visuel de la culture etles conditions climatiques l'arrosage s'effectue deux à trois heures/vanne tous les 3 - 4 jours selon les besoins.

Figure 14: Mise en place le système d'irrigation

On effectue la mise en place des tuyaux par vanne, dont cette dernière contient six planches (3 à droite et 3 à gauche comme la présente la figure ci-dessus) qui ont une superficie de 3003 m². Ces tuyaux portent 22 asperseurs/vanne qui sont distincts de 12 m et ont un débit d'aspersion Qa=0.9 m³/h.

• **Désherbage**

C'est une opération très importante pour réussir la culture de salade et elle vise à éliminer les adventices. Elle est sous forme :

− Soit manuel qui s'effectue trois à quatre semaines après le semis (à l'intérieur des planches et sur lespassesàpied).

− Soit mécanique : se fait à l'aide d'une charrue à double socs qui détruit les adventices présents entre les planches.

− Soit chimique :on utilise des herbicides homologués avant le semis ou après la levée en respectant les doses commerciales.

• Les traitements phytosanitaires :

Le programme de traitements a pour objectif d'assurer une protection sanitaire efficace de la salade dans le respect de la réglementationet des normes de résidus. Il est basé nécessairement sur trois questions (Quand, Avec quoi (la dose/ha) et Contre quoi).

La présence d'un technicienexpert présent quotidiennement sur champ peut faciliter l'apprentissage de décisions convenables concernant toutes les modifications qui peuvent handicaper la croissance de la culture.

La lutte chimique semble indispensable pour la protection de la salade durant leur cycle de végétation après connaissance les principaux maladies, ravageurs et adventices qui attaquent cette culture.

En effet, la succession de périodes humides et assez chaudes a favorisée le développement et la propagation des maladies fongiques tel que le mildiou (Brémia lactucae) qui est la maladie la plus redoutée et la plus dangereuse puisque la variabilité génétique de son agent pathogène se transforme rapidement.

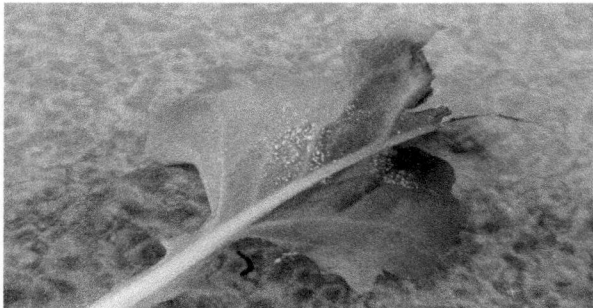

Figure 15 : Photo d'une feuille infectée par le mildiou prise le 25/03/2013

Si on a une attaque par le mildiou comme nous présente la figure 15, on fait une destruction complète de la vanne infectée en cas de fin de la carrière si non, on fait une coupe à blanc de la salade puis on la traite par le cuivrol 0.6 l/ha (qui intervient comme régulateur du cycle d'azote en agissant sur la synthèse des protéines et en évitant l'accumulation d'azote libre dans les tissus végétaux) et après 4 à 5 jours par Aliette Express (comme lutte curative).

Cependant dans les conditions normales (pas de maladie), quel que soit le niveau de résistance, il est indispensable de réaliser les traitements préventifs, par conséquent, on traite par un fongicide (Infinito, Acrobat ou Switch) et un insecticide (Karaté, Fastac ou Décis) les deux ensembles et après 9 à 10 jours on réutilise un autre fongicide (SIGNUM, Aliette Express, CUIVROL ou ROVRAL) et enfin, avant la récolte de dix jours à deux semaines on aura un développement important de différents organes végétatifs ce qui exige un traitement par fongicide (INFINITO ou SWITCH) et insecticide (SUCCESS4 ou ALTACOR).

Pour voir les principaux pesticides et ses substances actives utilisés sur la salade (Voir annexes, Tableau18)

- **Récolte et manipulation du produit :**

Avant de commencer la récolte, il faut faire un agréage ce qui permet de connaitre est-ce que le produit est prêt à récolter ou non aussi bien la qualité du produit (infecté par le mildiou ou autre pourriture ou non).

Lorsque la salade est en stade de récolte, un chef d'exploitation demande un agréeur pour faire l'agréage) sur un échantillon donné et les comparés au référenciel qualité de salade jeunes pousses. Si elle est conforme aux normes on débute la récolte, si en cas contraire on aura une coupe à blanc suivie d'un traitement.

Il s'agit d'un deuxième agréage de qualité (se fait par le douanier) et un contrôle phytosanitaire (validé par le chef de bureau de contrôle des plants et semences de Kairouan) qui se fait lors de la réception de la salade dans la station de conditionnement (voir annexes).

3.2.Principaux Critères à évaluer :

➢ **caractéristiques du produit :** (taille : longueur des feuilles min5cm et max 10cm, coloration, fausse coupe).

➢ **État sanitaire :** maladie, oxydation, végétaux, animaux.

➢ **fraicheur produit :** flétrissement, humidité, odeur.

➢ **Analyses :** résidus pesticides

La récolte doit être faite avec beaucoup de soins avec une récolteuse simple et spéciale pour les jeunes pousses (comme l'indique la figure 16) et dont la longueur des feuilles récoltées ne dépassant pas les 10 cm et minimale 5cm.

Généralement, cette opération se fait au fur et à mesure de la vente afin de ne pas exagérer l'offre sur le marché.

Figure 16 : la salade en stade de coupe (photo prise le 30/03/2013)

La salade originaire de Tunisie bénéficie de préférence tarifaire assez importante.

Tableau 11: Les préférences tarifaires de la salade originaire de la Tunisie au niveau de l'Union Européenne.

	Novembre	Décembre	Janvier	Février	mars	Avril	Mai	Juin
Droit pays tiers (%)	12	10.4	10.4	10.4	10.4	12	12	11.1
Préférence tarifaire (%)	8.5	6.9	6.9	6.9	6.9	8.5	8.5	7.6

(*Source: Accord Tunisie-Union Européenne 2005*)

3.3.Conditions d'une bonne conservation ou de transport :

Une fois le produit récolté, il doit suivre ces opérations :

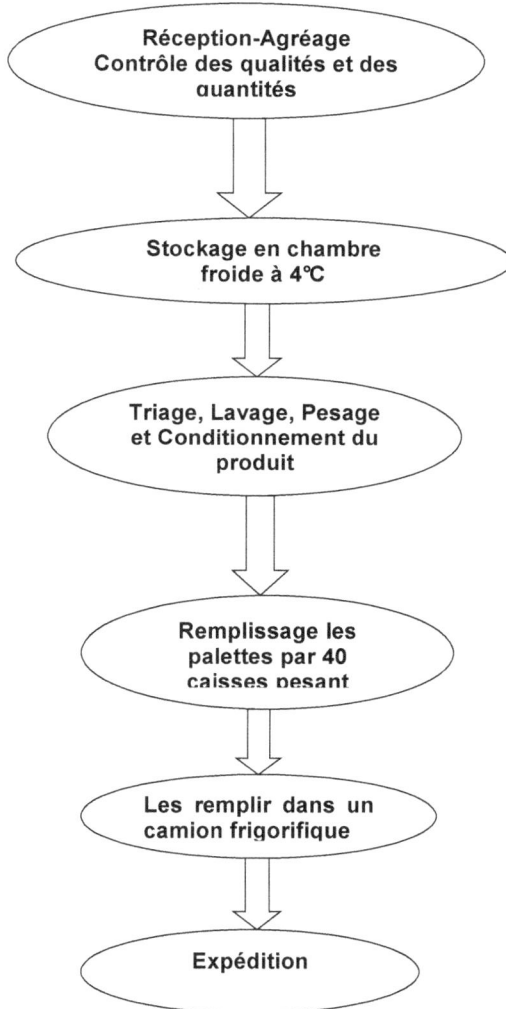

```
┌─────────────────────────────────┐
│   Réception-Agréage             │
│   Contrôle des qualités et des  │
│   quantités                     │
└─────────────────────────────────┘
              │
              ▼
┌─────────────────────────────────┐
│   Stockage en chambre           │
│   froide à 4°C                  │
└─────────────────────────────────┘
              │
              ▼
┌─────────────────────────────────┐
│   Triage, Lavage, Pesage        │
│   et Conditionnement du         │
│   produit                       │
└─────────────────────────────────┘
              │
              ▼
┌─────────────────────────────────┐
│   Remplissage les               │
│   palettes par 40               │
│   caisses pesant                │
└─────────────────────────────────┘
              │
              ▼
┌─────────────────────────────────┐
│   Les remplir dans un           │
│   camion frigorifique           │
└─────────────────────────────────┘
              │
              ▼
┌─────────────────────────────────┐
│   Expédition                    │
└─────────────────────────────────┘
```

Lors de l'arrivée du produit à la France il va subir un conditionnement à petit échelle dans des sachets,Barquette plastique (de 125g, 150g, 200g)ou Barquette operculée (500 g et 1 kg) présentant le label (**vert frais**) et distribué par la suite aux grandes surfaces (Lidl, carrefour, Géant…), moyennes surfaces (grand-frais, superette), et les collectivités (grossiste, détaillants…).

Résultats et discussion

Analyse du comportement variétal

Dans cette partie de notre travail on procède à une analyse globale des variétés de salades jeunes pousses étudiées pour pouvoir mettre en évidence l'effet moyen des variétés vis-à-vis de la productivité et de la croissance.

L'étude de ce paramètre agronomique visé la détermination de l'élongation, le poids, le nombre de jours pour atteindre la coupe et les différents rendements obtenus et de suivre son évolution au cours du temps. Ces paramètres de croissance (l'élongation et le poids) ont été suivis sur champ de culture à l'aide d'une balance et une règle en prenant un échantillon d'individus de chaque variété et on mesure la moyenne de chaque paramètre de croissance.

I. Caractérisation du développement et de la croissance de différentes variétés :

1. Analysedes dates (voir annexes : plan de semis de salade jeunes pousses) :

Le comportement de l'ensemble des variétés est analysé dans les mêmes conditions climatiques (prises d'échantillons de différentes dates de plantation (de mi-février jusqu'au mois d'avril) et subissent les mêmes soins culturaux). Et par conséquent, On présente la moyenne des différents paramètres agronomiques de chaque variété et son effet sur les rendements.

2. Analyse de L'élongation et le poids:

Le suivi réalisé tout au long du cycle a permis d'élaborer une fiche signalétique des différents stades repères (de stade plantule jusqu'à la destruction : plantule, coupe1, coupe2, coupe3, coupe4, coupe5) des dix variétés étudiées.

Il est bien établi que la durée du cycle cultural de la laitue est très variable selon le type variétal, le mode et la saison de culture (pour la salade jeunes pousses : la durée du cycle d'une variété quelconque peut durer de 6 semaines jusqu'à 5 mois.

2.1. Du semis jusqu'à la 1ère coupe :

La hauteur et le poids sont des critères variétaux qui varient aussi bien en fonction des aléas climatiques et environnementaux mais puisque nos variétés ont subi les mêmes conditions on s'intéresse principalement aucôté phénotypique pour caractériser et spécifier chaque variété.

Le tableau 12 montre une variabilité légèrement significative entre les différentes variétés rouges cultivées au niveau de leur croissance (hauteur et poids), par conséquent on remarque un retard plus ou moins long au niveau de l'apparition des plantules pour toutes les variétés et elles ont presque les mêmes poids vers le jour 47 mais la hauteur à ce jour se diffère d'une variété à l'autre (on a enregistré par exemple pour la romaine, tango et lollo 4cm et pour feuille de chêne 6 cm.

Chaque variétéa ses caractéristiques pour interagir avec ses conditions,en effet on constate une évolution progressive des différentes variétés et au jour 73 par exemple, on a enregistré un poids de 6g et une hauteur de 15 et 14,5cm pour les variétés romaine et lollo successivement par contre la variété feuille de chêne atteint 7g et 16,5cm au jour 62 et la variété Tango atteint le même poids et 14,5 cm au jour 73.

Ce résultat est similaire à ceux obtenus par Hamouda d. (2011) quela variété romaine croit plus rapidement en termes d'émission de feuilles que les autres.

Tableau 12 : Moyennesdes hauteurs et des poids des variétés rouges

nbre de jours	Variétés Rouges							
	Romaine		Feuille de chêne		Lollo Rossa		Tango	
	Hauteur (cm)	Poids (g)	Hauteur (cm)	Poids (g)	Hauteur (cm)	Poids (g)	Hauteur (cm)	Poids (g)
47	4	1.5	6	1.5	3.7	1.5	4	1.6
50	5	1.7	-	-	-	-	-	-
51	6	2	-	-	5.7	2.5	6.5	2.5
52	-	-	11	3.5	-	-	-	-
54	-	-	-	-	8	2.8	-	-
55	9	2.5	-	-	-	-	7	3
56	10	2.5	12	5	10	3	-	-
57	11	4	14	6	-	-	9	4
59	-	-	-	-	12	5	-	-
62	13	6	16.5	7	-	-	11.5	5.5
64	13.75	6	-	-	-	-	-	-
73	15	6	-	-	14.5	6	14.5	7
79	-	-	-	-	15	7	-	-
83	19	6.5	-	-	-	-	-	-

D'après le tableau ci-dessous (tableau13),on remarque que toutes les variétés blondes s'allongent progressivement avec une augmentation légère de poids, jusqu'on aura des variétés (Batavia, Tango et Barcelona) qui ont une caractérisation d'avoir un poids égal ou supérieur à celle de la hauteur vers le jour 59 mais pour la variété Extra-friséemême après 59 jours, elle enregistre 16 cm et 7g (presque 2cm=1g).

Tableau 13 : Moyennes des hauteurs et des poids des variétés blondes

nbre de jours	Batavia		Barcelona		Tango B		Extra-frisée	
	Hauteur (cm)	Poids (g)	Hauteur (cm)	Poids (g)	Hauteur (cm)	Poids (g)	Hauteur (cm)	Poids (g)
47	3	2,5	4	2,3	4	1,3	6	2
49	5	4	-	-	-	-	-	-
50	-	-	6	4,7	-	-	-	-
51	7	5	-	-	-	-	10	2,7
52	-	-	8	6	8	2,5	-	-
54	9	7	9	-	-	--	-	-
55	10	10	-	-	8,75	4,5	12	3
56	11,5	11,5	10	9	-	-	14	5,5
59	-	-	12	11	11,5	9	16	7
62	13	12	-	-	12	12	-	-
64	-	-	16	15	14,5	12	-	-
67	13,5	14	-	-	18	18	-	-
73	16	17	-	-	-	-	-	-

Le tableau 14 nous renseigne que la betterave a une grande capacité à valoriser ses conditions du milieu et s'adapte mieux par rapport aux autres variétés, par conséquent dans 15 jours (de 25 à 40), elle peut accroitre sa hauteur de 4cm à 18,5cm et son poids de 1g à7g par contre l'épinard qui n'atteint les 14 cm et 13 g qu'après les 50jours de plantation.

Tableau 14 : Moyennes des hauteurs et des poids des variétés betterave et épinard

nbre de jours	Betterave : Red Chard Magenta		Epinard : Island	
	Hauteur (cm)	Poids (g)	Hauteur (cm)	Poids (g)
25	4	1	-	-
28	5	2	3,5	1
30	6	3,5	6	2
33	12	5	7	2,3
35	14	5	-	-
40	18,5	7	-	-
42	-	-	9,5	5,5
45	-	-	11	8
49	-	-	11	12
50	-	-	14	13

2.2. Intervalle 1ére coupe-2éme coupe :

Pour cet indicateur (intervalle $1^{\text{ère}}$-$2^{\text{éme}}$ coupe) et l'indicateur qui se suit (intervalle $2^{\text{éme}}$-$3^{\text{éme}}$coupe), je n'ai pas l'occasion de les suivre que chez les variétés rouges.

Le tableau ci-dessous (tableau 15) nous montre la croissance (hauteur et poids) des variétés déjà installées en fonction du temps, et pour atteindre une hauteur de coupe bien définie chaque variété se diffère de l'autre. Par conséquent, pour atteindre par exemple les 15 cm :

➢ la romaine dépasse22jours

➢ feuille de chêne et Lollo Rossa dépassent les25 jours

➢ et enfin Tango dépasse les 30 jours

Concernant le poids, il est presque le demi de la valeur d'hauteur de coupe sauf Tango (12g) et lollo (9g)

Tableau 15 : Moyennes des hauteurs et des poids des variétés rouges

Nombre de jours	Romaine Hauteur (cm)	Poids (g)	Feuille de chêne Hauteur (cm)	Poids (g)	Lollo Rossa Hauteur (cm)	Poids (g)	Tango Hauteur (cm)	Poids (g)
1	4	2	3,5	1,5	-	-	-	-
2	4,5	3	4,5	3	4	2	4	1,5
4	-	-	-	-	5	3,4	4,5	3,5
7	7,5	5	-	-	-	-	-	-
8	-	-	-	-	11	4,5	7,75	6
9	12,5	6	10	5	-	-	8	6
11	-	-	-	-	12	5,8	-	-
14	-	-	-	-	13	6	10,5	9
15	13,3	7	-	-	-	-	-	-
17	-	-	12	6	-	-	-	
19	-	-	-	-	14	7	12	10
20	14,5	7,2	-	-	-	-	-	-
21	-	-	13,5	6,4	-	-	-	-
22	15	7,5	-		14,5	8,5	12,5	11
25	-	-	15,5	8	15	9	-	-
26	-	-	-	-	-	-	13	11,5
30	-	-	-	-	-	-	15	12

2.3. Intervalle 2éme coupe -3éme coupe :

Le tableau ci-dessous (Tableau 16) montre que la durée de jours pour atteindre la coupe a été diminuée par rapport à la $1^{\text{ère}}$ et la $2^{\text{éme}}$ coupe pour toutes les variétés et cela peut s'expliquer par le fait que la plante déjà installée et bien développée contribue à valoriser le maximum des éléments minéraux disponibles et l'eau pour accroitre la partie aérienne.

Dès la collection de la salade jeune pousses de différents typesplantés en plein champ, la variété Romaine a uneaptitude à la montée la plus importante (19cm et 13g au-delà de jour 19) par contre à ce même jour feuille de chêne atteint 16,5cm (et 8,2g) et Tango 14,5cm (11g).

Tableau 16 : Moyennes des hauteurs et des poids des variétés rouges (intervalle 2ème-3ème coupe)

nbre de jours	Romaine Hauteur(cm)	Romaine Poids (g)	Feuille de chêne Hauteur (c)	Feuille de chêne Poids (g)	Lollo Rossa Hauteur (cm)	Lollo Rossa Poids (g)	Tango Hauteur (cm)	Tango Poids (g)
1	4	2	-	-	4	2	-	-
3	6	3	7	3	-	-	-	-
5	6,75	4	8	4	7	4	5	3
7	7,5	5		-	8	4,3	-	-
9	-	-	9	6	-	-	7,5	6
10	10,5	7	-	-	9,5	4,8	-	-
11	-	-	-	-	-	-	10,5	8,5
12	-	-	-	-	11	5	-	-
13	14,5	9	-	-	-	-	-	-
14	-	-	12,5	6,5	12	6	-	-
15	-	-	-	-	-	-	12	9
16	16	11	-	-	14	8	-	-
18	-	-	15	7	-	-	-	-
19	19	13	16,5	8,2	-	-	14,5	11

II. Analyse du nombre moyen de jours pour atteindre la 1ére coupe

1. Variation du nombre moyen de jours pour atteindre la 1ère coupe

Généralement, le cycle de la salade jeune pousses (JPS) est court et se diffère d'une variété à l'autre.

Il est nécessaire de connaitre ce paramètre pour avoir une idée par la suite sur la date de coupe, faciliter les prévisions de récolte et accorder les commandes.

On constate d'après la figure 17 que le nombre moyen de jours pour atteindre la 1ère coupe des variétés rouges allant de 59 jours (Lollo) jusqu'à 75 jours (TangoR)et tout cela a ses effets sur la précocité, la disponibilité du produit sur le marché,diminution des charges…

Salade Rouge

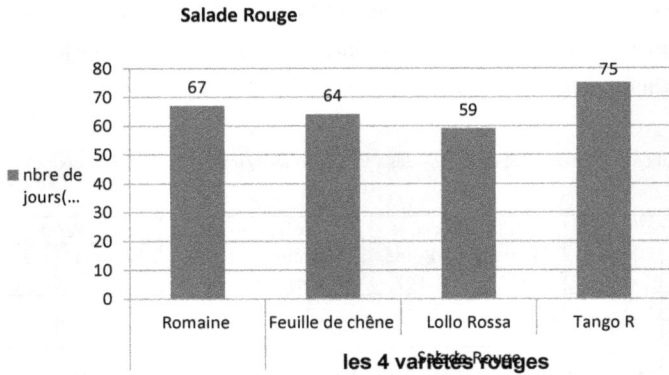

les 4 variétés rouges

Figure 17 : Nombre moyen de jours pour atteindre la 1ère coupe des variétés rouges

L'examen des résultats relatifs au nombre moyen de jours pour atteindre la 1ère coupe des variétés blondesmontre que la variété Mizuna (Extra-frisée) a une aptitude plus importante d'être la plus précoce (41jours) par rapport aux autres variétés. Ce phénomène est du à l'effet de l'élongation sur le poids (on peut voir chez cette variété une élongation de 0,83cm/jour par contre pour le poids on n'aura pas que 0,41g/jour)(figure18)

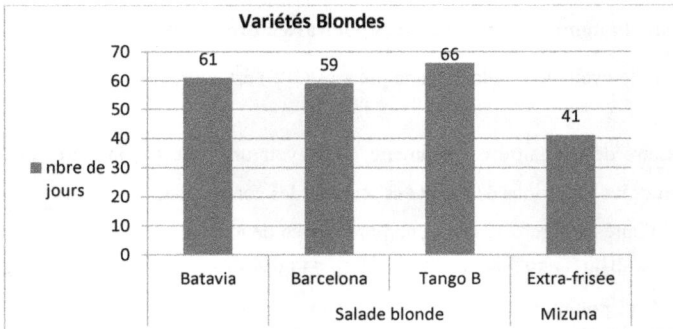

Figure 18: Nombre moyen de jours pour atteindre la 1ère coupe des variétés blondes

La figure 19 montre une différence entre les variétés d'épinard et de betterave pour atteindre la 1ère coupe, en effet on a enregistré chez cette dernière la durée la plus courte (38 jours) parmi les autres variétés. Elle a une moyenne d'élongation de 0,9cm/jour et un accroissement de poids de 0,4g/jour comparé à l'épinard qui a enregistré une élongation de 0,47cm/jour et un accroissement de 0,54g/jour durant une période de 46 jours.

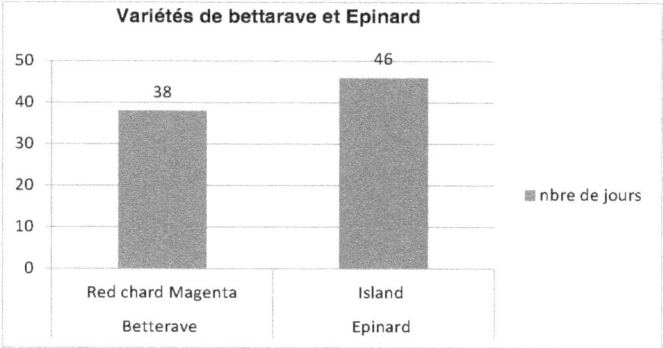

Figure 19 : Nombre moyen de jours pour atteindre la 1ère coupe des variétés de betterave et d'épinard :

2. Intervalle moyen entre la1ére & la 2éme coupe :

Cette figure (figure20) présente l'intervallemoyen de jours entre la 1ère et la 2^{éme} coupe des variétés rouges et blondes et on constate presque que toutes les variétés sont autour de la moyenne générale (qui est 23jours) à l'exception de l'Extra-frisée qui a 15jours et Tango R a 28jours.

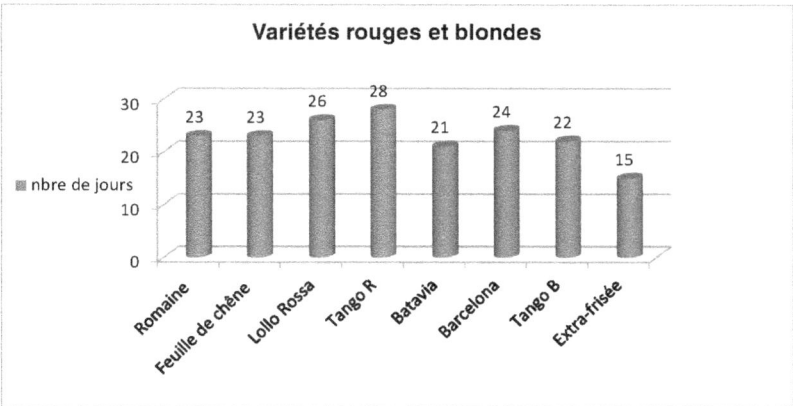

Figure 20: Intervalle moyen entre 1ère coupe-2^{éme} coupe

3. Intervalle moyen entre la 2éme& la 3éme coupe :

Cette figure (figure21) indique qu'il ya une différence entre les variétés étudiéesconcernant ce paramètre, en effet Lollo Rossa a enregistré la durée du temps la plus élevée (29jours) comparés à Tango R qui a enregistré la durée la plus faible 18jours et Mizuna 20jours.

Enfin, la romaine a enregistré la valeur la plus proche (25jours) de la moyenne générale de l'intervalle $2^{éme}$-$3^{éme}$ coupe (qui est 24jours)alors que la feuille de chêne a enregistré 27jours.

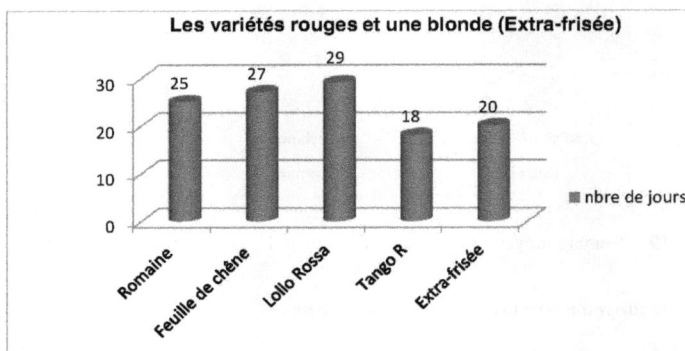

Figure 21: Intervalle entre $2^{éme}$ coupe-$3^{éme}$ coupe

4. Intervalle moyen entre la 3éme coupe-4éme et 5éme coupe :

Cette figure (figure22) indique qu'il y a une différence entre les variétés étudiées concernant ce paramètre, en effet la romaine a enregistré une valeur de 26 joursqui est au-delàde la moyennegénérale de l'intervalle $3^{éme}$-$4^{éme}$ coupe (qui est 24jours)) comparés à Mizuna qui a enregistré la durée la plus faible 21jours.

Concernant l'intervalle avant la $5^{éme}$ coupe on a enregistré qu'une seule variété (Mizuna) qui atteint ce stade avec un nombre de jours de 21.

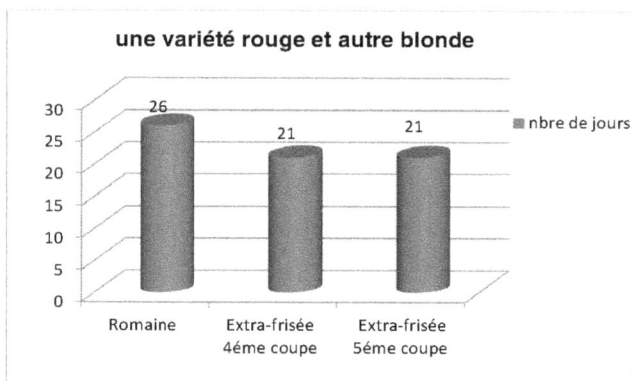

Figure 22: Intervalle moyen entre 3ᵉᵐᵉ coupe-4ᵉᵐᵉet 5ᵉᵐᵉ coupe

5. Moyennes de jours pour atteindre la récolte :

Concernant ce paramètre on a utilisé **le logiciel SAS 9.1**pour connaitre la présence de différence entre les variétés ou non.

L'analyse de la variance des moyennes de jours pour atteindre la coupe a montré que les différences entre les 10 variétés de salade jeunes pousses ne sont pas significatives au seuil 5% (Annexe,figure 23). Island(épinard) est en tête de la liste avec 46 jours, alors qu'Extra-frisée (Mizuna) est en bas de la liste avec 24 jours (Figure23)comparée à la moyenne générale de toutes les variétés qui est 39 jours.

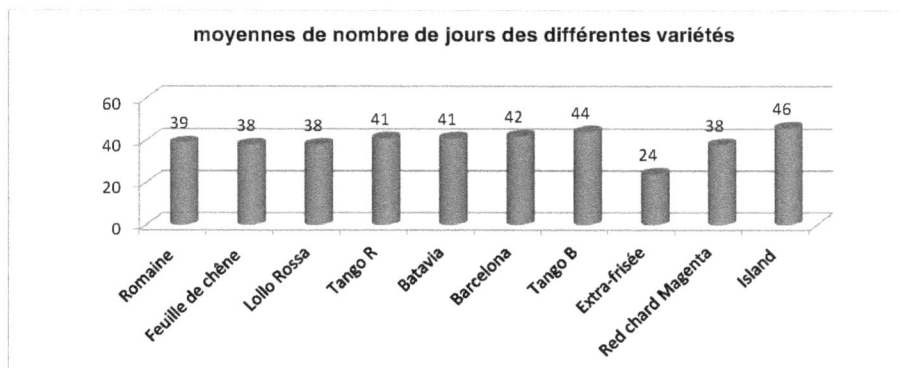

Figure 23: les moyennes de jours pour atteindre la coupe des différentes variétés

III. Analyse des rendements

1. Rendement des différentes variétés de la 1ére coupe :

D'après la figure 24, on constate que la variété Lollo Rossa a une capacité élevée pour extérioriser ses performances génétiques dès la 1ére coupe, par conséquent elle atteint environ 6100 kg/ha alors que les autres variétés n'atteignent pas la moyenne da la 1ère coupe des variétés rouges qui est de 4210 kg/ha.

Rendement de la 1ère coupe (kg/ha)

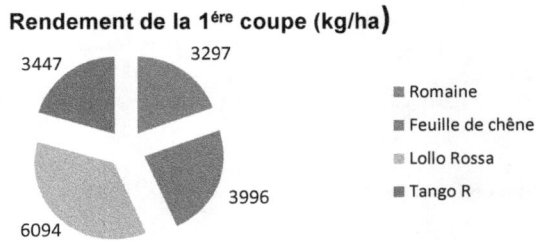

- Romaine
- Feuille de chêne
- Lollo Rossa
- Tango R

Figure 24 : Moyennes de rendements de la 1ère coupe des variétés rouges

La figure ci-dessous (figure25) nous renseigne qu'il ya une différence entre les rendements des variétés blondes, en effet on a enregistré les plus hauts rendements chez la Tango B et la Batavia qui ont dépasséles 6250 kg/ha alors que l'Extra-frisée (Mizuna) a un rendement le plus faible 1948 kg/ha et la Barcelona a un rendement près de la moyenne de la 1ére coupe des variétés blondes (4860 kg/ha).

Rendement de la 1ère coupe(kg/ha)

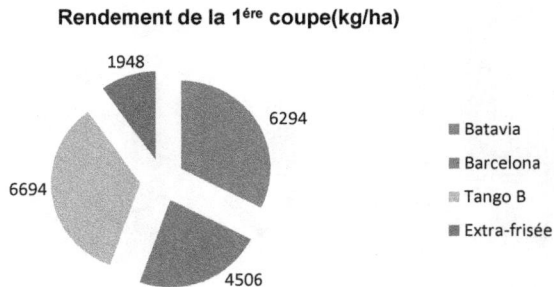

- Batavia
- Barcelona
- Tango B
- Extra-frisée

Figure 25 : Moyennes des rendements de la 1ère coupe des variétés Blondes

Ces deux variétés (l'épinard et betterave) se caractérisent par une seule coupe et un cycle moyen de production qui ne dépasse pas les 42 jours, par conséquent on aura une bonne valorisation des conditions du milieu et avoir des hauts rendements (environ 6400 kg/ha) par rapport aurendement moyen de la 1ère coupe (4920 kg/ha) comme nous l'indique la figure ci-dessous (figure26).

Rendement de la 1ère coupe(kg/ha)

Figure 26 :Moyennes des rendements de la 1^{ère}coupe des variétés de betterave et d'épinard

2. Rendement des différentes variétés de la 2éme coupe :

On constate d'après la figure 27 que le rendement moyen de la 2^{éme} coupe de toutes les variétés rouges augmente par rapport à la 1ère coupe à l'exception la variété Lollo Rossa qui a diminué de 6094 à 3247 kg/ha.

Rendement de 2^{éme} coupe(kg/ha)

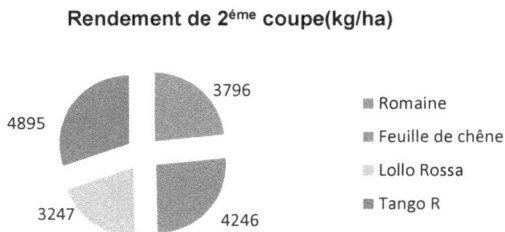

Figure 27 : Moyennes des rendements de la 2^{éme}coupe des variétés rouges

On remarque que le rendement de toutes les variétés blondes augmente durant la 2^{éme} coupe à l'exception de la variété Batavia qui a diminué d'une tonne.

En effet, on a enregistré que le rendement de la variété Extra-frisée a été doublé par rapport à la 1ère coupe alors que le rendement des autres variétés (Barcelona et Tango B) a augmenté plus de 2 tonnes/ha comme nous l'indique la figure 28.

Rendement de la 2ᵉᵐᵉ coupe(kg/ha)

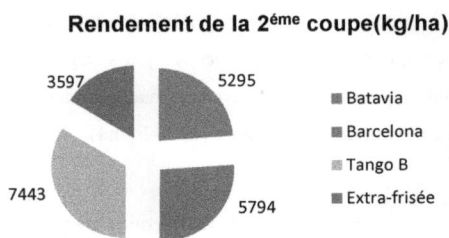

3597 5295

7443 5794

- Batavia
- Barcelona
- Tango B
- Extra-frisée

Figure 28 : Moyennes des rendements de la 2ᵉᵐᵉcoupe des variétés blondes

3. Rendement des différentes variétés de la 3éme coupe :

On a noté que les variétés rouges et une variété blonde (Extra-frisée) atteignent le stade de la 3ᵉᵐᵉ coupe, et cela peut s'expliquer par la façon ou la capacité génétique de la variété à atteindre ce stade sans voir une faiblesse apparente ou une chute brutale de rendement.

Par conséquent, on note de la figure 29 que le rendement moyen des variétés de la 3ᵉᵐᵉ coupe est 3400 kg/ha et toutes les variétés atteignent ou dépassent ce chiffre à l'exception la variété Lollo Rossa qui a diminué son rendement d'une coupe à une autre (de 6094 kg/ha à la 1ᵉʳᵉ coupe jusqu'à 1548 kg/ha la 3ᵉᵐᵉ coupe).

Rendement de la 3ᵉᵐᵉ coupe(kg/ha)

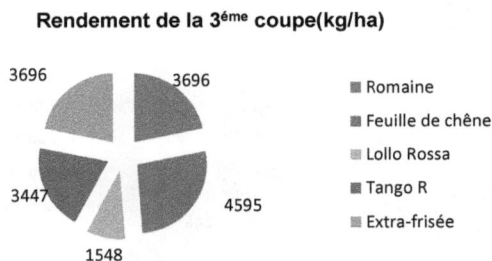

3696 3696

3447 4595

1548

- Romaine
- Feuille de chêne
- Lollo Rossa
- Tango R
- Extra-frisée

Figure 29: Moyennes des rendements de la 3ᵉᵐᵉcoupe des variétés rouges et une blonde (Extra-frisée)

4. Rendement des différentes variétés de la 4éme et 5éme coupe :

Dès la 3ᵉᵐᵉ coupe on remarque que le rendement commence à chuter progressivement chez la variété Romaine pour atteindre 1648 kg/ha qui est un rendement faible par rapport au rendement moyen de la 4^{éme} coupe (2250 kg/ha) alors qu'on a enregistrépour la Mizuna (Extra-frisée) un rendement de 2847 kg/ha.

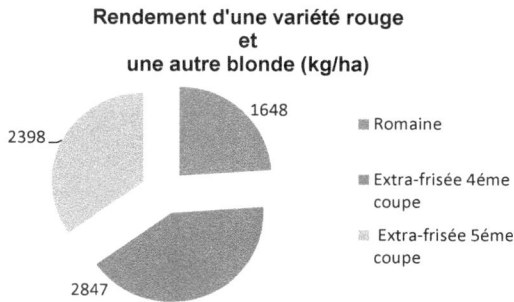

Figure 30: Moyennes de rendements de la 4^{éme} -5^{éme} coupe de 2 variétés (une rouge et une autre blonde)

5. Moyennes de rendements des différentes coupes :

Concernant ce paramètre (moyennes de rendements), on a utilisé **le logiciel SAS 9.1** pour avoir la différence entre les différentes variétés.

On a enregistré que 'Tango B' est à la tête de la liste avec un rendement moyen de 7069 kg/ha (sa part presque 14,5%)comparativement avec la Mizuna (Extra-frisée) qui est en bas de la liste avec un rendement moyen de 2897 kg/ha (sa part presque 5,9 %).

En effet, l'analyse statistique au seuil 5% relève une différence hautement significative entre les moyennes de rendements des différentes variétés à l'exception des variétés Romaine et Extra-frisée qui ne sont pas significativement différenteset cela peut s'expliquer par l'effet du nombre moyen de coupes sur le rendement (voir annexe1, figure 31).

Ce résultat montre aussi que, plus on a un nombre moyen de coupes plus on aura des moyennes de rendements représentatives et faibles comme nous l'indique la figure 31. Par exemple la romaine et l'extra-frisée ont un nombre moyen de coupes plus de 4fois et des moyennes de rendements faibles (3000kg/ha) par contre les variétés Tango B, Island et la betterave ont un nombre moyen de coupe qui ne dépasse 1,3 fois et des moyennes de rendements qui sont les plus élevées (plus de 6300 kg/ha).

Enfin, on constate aussi que le nombre moyen de jours pour atteindre la coupe a une légère influence sur le rendement moyen final, c'est-à-dire plus on a un nombre moyen de jours élevé plus on aura un rendement élevé (citons l'exemple de Tango B, Island...).

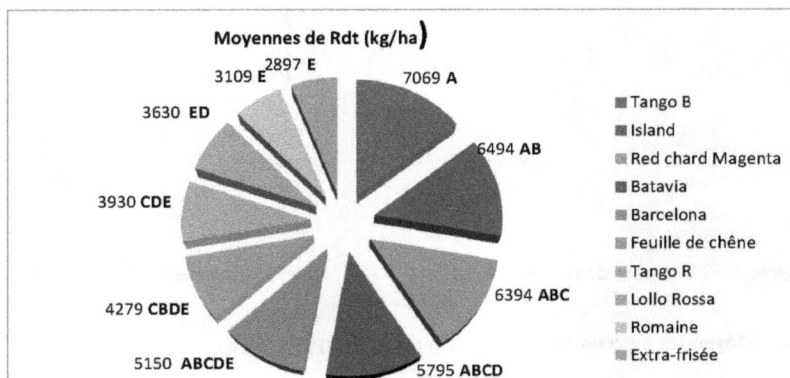

Figure 31: Moyennes de rendements de différentes coupes

IV. Analyse Economique :

Tableau 17: Calcul de résultat net de l'exploitation de 10 variétés de salade jeunes pousses misent en place en plein champ pour l'année 2012-2013

Produits vendus	Unité	Quantité totale(/100ha)	Prix unitaire	Recette totale (dt)/100ha
Charges opérationnelles (variables)				
Engrais organique : -Germiflor -Italpolina	T	-142,85 -63	-0,350 € /kg -0,260 €/kg	106 995 dt 35 054 dt
Semences : -betterave et épinard -les autres	kg	134.4 114,71	- -	126 678 dt
Pesticides : -Fongicides -Insecticides -Herbicides	-Kg ou L -L ou kg -L ou kg	- - -	- - -	-106 900dt
Charges personnels : -Ouvriers -Techniciens	N^{bre} de jours	-2356/cycle -4	-	330 000 dt
Electricité	kW	-102000	-	-20 000 dt

Carburants pour machines de récolte seulement	L	1400	25 dt/ l	35000dt
Travail du sol	**h**	**1650**	25 dt/h	41250dt
Cout d'entretien du matériel	-	-	-	154 100dt
Frais de transport	**N**bre **de camion**	-136	-3000 €/camion	873 120dt
Engrais chimiques :				
-Oasi Starter	kg	-2500 kg	6€/ kg	-32 100 dt
- Sulfate de potasse	kg	-5 000	1,350 dt/kg	-6750 dt
-Sulfate de fer	kg	-18 500	1,2 dt/kg	-22 200 dt
-Ammonitrate	kg	-22 000	0,350dt/kg	-7700dt
-Fulvin	kg	-4 800	-4 dt/kg	-19 200 dt
Charges fixes				
Location de terres	ha	-100	450 dt/ha	-45 000dt
Amortissements				
Matériels du travail :				
- récolteuses	-	-2	-	-39 743dt
-Tracteurs	-	-6	-	-27 285dt
- Charrues	-	-6	-	- 14 858dt
- Remorques	-	-4	-	-2000 dt
-Caisses	-	-15000	-	-8 333 dt
- Pulvérisateur	-	-2	-	-1500 dt
-Epandeur		-1		-1200 dt
-Semoir		-2		-2568dt
-Bâtiments	-	-	-	230 000 dt
Frigo				
-chariot E16				-3531dt
- transpalettes				-2000dt
-machine de lavage et triage				-5422dt
Matériel d'irrigation :				
- vannes	-	-	-	
- pompes		-	-	32100dt
- asperseurs et autres…		-	-	
Total charges				**2332587dt**
Produits				
Saladejeunespousses	-	**700 T**	**9 €/kg**	**13482000dt**
Résultat net de l'exploitation				**11149413dt**
Résultat net/ha				**101358,3dt**

Vue l'importance de la quantité de salade jeunes pousses (environ 700 T), on constate que la société (Agroland-Tunisie) est bénéficiaire et elle a enregistré de bons résultats (101358,3dt/ha). Ceci peut être expliqué par la bonne maitrise de cette culture (de la fourche jusqu'à la fourchette). En effet cette société pratique des techniques culturales selon des normes de rationalisation en ce qui concerne la fertilisation, les traitements phytosanitaires, la cueillette, la réalisation des plans de suivi de la culture (plan de semis, plan d'arrosage et de fertilisation, plan de prévision de récolte…).

Conclusion générale

La caractérisation morphologique ou agronomique réalisée sur les variétés de salade jeunes pousses (Romaine, Feuille de Chêne, Lollo Rossa, Tango R, Batavia, Tango B, Barcelona, Mizuna, Red Chard Magenta, Island) a montré une variation phénotypique considérable qui est la conséquence d'une variabilité génétique du matériel végétal. Cette diversité génétique peut constituer la base d'un programme d'amélioration permettant d'identifier de bons géniteurs pouvant enrichir notre patrimoine génétique.

Ces expérimentations révèlent les résultats suivants:

Du semis jusqu'à la 1ére coupe :On a enregistré que la betterave peut atteindre le stade de coupe dans une période la plus courte (40 jours) et puis successivement l'épinard (Island), Mizuna, Feuille de chêne, Barcelona, Tango B, Tango R-Batavia, Lollo Rossa et Romaine.

Intervalle 1ére-2éme coupe :Concernant ce paramètre, la variété de type Romaine a montré une montaison rapide (22jours) et elle est idéale comparativement aux autres variétés Feuille de chêne, Lollo Rossa, Tango R.

Intervalle 2ére-3éme coupe : La variété Lollo Rossa est la plus tolérante à la montée (16jours) alors que les autres variétés atteignent la coupe après 19 jours.

Moyennes de jours pour atteindre la récolte : L'analyse de la variance des moyennes de jours pour atteindre la coupe a montré que les 10 variétés de salade jeunes pousses ne sont pas significativement différentes au seuil 5%.

La caractérisation des moyennes de rendements des différentes variétés a été bien étudiée et l'analyse statistique relève une différence hautement significative au seuil 5% à l'exception des variétés Romaine et Extra-frisée dontles moyennes ne sont pas significativement différentes.Cependant, Cette étude a montré que le nombre moyen de coupe et les moyennes des rendements sont inversement proportionnels.

On a noté aussi que le nombre moyen de jours pour atteindre la coupe a une influence sur les moyennes des rendements et ils sont proportionnels.

Enfin, Cette étude doit être confirmée par d'autres travaux plus approfondis qui doivent être conduits sur de plus longues périodes et porter sur un plus grand nombre de type variétal afin de pouvoir d'une part déterminer les effets du nombre de coupessur les rendements,les paramètres de croissance et la qualité (c'est-à-dire) de la salade, et d'autre part relever son adaptation en variantle type et les conditions de culture afin de sélectionner le matériel végétal adéquat.

Références bibliographiques

- Ameni A., 2011, tolérance au Na Cl chez trois variétés de laitue batavia

Catalogue salade de serre, 2012-2013,

- Chalayer P., Gouze M., Lizot J-F, 1998, « les salades d'automne-hiver sous abri froid: conduite en agriculture biologique », fiche technique Grab, 4 Pages.
- Chaux C. et Foury C. 1994. Laitue : Sélection variétale CAMN semences professionnelles légumes biologiques, 2011-2012, 12p,
- CL. Chaux – Cl Foury, 2006, Productions légumières, 12p
- Daniel IZARD, 2012, Laitue sous abris Protection phytosanitaire sous serre et en plein champ, 8p
- Daniel I., 2012, Protection-laitue en serre et en plein champ-2012-2013, 2p
- Enza Zaden, 2013,Une gamme "Salades de plein champ 2013" sous le signe de *l'innovation* et de la *proximité, 20 p.*
- Groupe Régional Interprofessionnel Melon Sud-Ouest, 2013, Protection phytosanitaire melon 2013 Bassin Sud-Ouest, 4p
- Groupement interprofessionnel des légumes(GIL), 2009.Les légumes feuilles en Tunisie.
- Hammami R., 2011.Caractérisation agronomique et technologie de quatre variétés de soja. Mémoire de mastère, Institut national Agronomique de Tunisie, Tunis : 129 p
- *Hamouda Dorra, 2011, Effet du stress hydrique sur la culture de laitue (Lactuca sativa), projet fin d'études, I N.A.Tunisie, 78p*
- Hanène CHEHAIDER, 2009, Protections phytosanitaires en cultures maraîchères : cas des légumes à feuilles, projet fin d'études, 78p
- Incrocci L., Bellocchi G., Balducch R., et Pardossi A., 2008. Soil-less indoor-grown lettuce (Lactuca sativa L.): Approaching the modelling task. Italian National Agency for New Technologies, Energy and Environment, Rome, Italy :p 124
- J-François VEROLET (A.D.A.B.) en collaboration avec Roger RAFFIN (chambre d'agriculture du Rhône), Ludovic JAGU (Chambre d'agriculture de l'Isère), 2006, Fiche technique Dominique BERRY (SERAIL) et les adhérents maraîchers de l'adab.

- Khaoula Klai, 2010, opportunités commerciales de l'exportation de nouveaux produits maraichers vers les marchés de l'U.E : cas de l'artichaut et des salades, projet fin d'études, 84p

- *Nefzi Ali et al, 2011, Analyse de la filière salade mâche,* projet fin d'études,*E.S.A.Mograne, 59p*

- ODET J., 1989, mémento fertilisation des cultures légumières, éditions CTIFL, 400 Pages,

- PERRON J-Y., 1999, Productions légumières, éditions synthèse agricole, 575 Pages,.

- V.Renaud- Ch. Dudouet ,2005, Le potager par les méthodes naturelles, 12p

- Ziadi I., 2009.Contribution à l'étude de la pommaison chez la laitue : influence des conditions climatiques. Mémoire de mastère, Institut national Agronomique de Tunisie, Tunis : 110 p

Références électroniques

- www.camn.fr
- www.enzazaden.fr
- www.aprel.fr
- www.rijkzwaan.com, menu "marketing statement"
- http://www.fao.org/index_fr.htm
- http://www.ctifl.fr/
- http://www.aprifel.com/
- http://www.afsca.be
- http://www.agrireseau.qc.ca/Rap/documents/a08cru06.pdf
- http://www.agriculture-dedemain.fr/Cultures/LAITU/Maladies/Pythium/Pythium.htm
- http://books.google.fr/books?id=7VrSzAjVc0YC&pg=PA73&lpg=PA73&dq=pucero n+de+la+carotte+sur+persil&source=web&ots=U0JKI0mwqg&sig=hI9KHfcJLkQK_ Y51wSsWsNBo_U8&hl=fr&sa=X&oi=book_result&resnum=4&ct=result#PPA136, M1
- http://www.agrireseau.qc.ca/Rap/documents/a08cru06.pdf

Annexes

Tableau 18 : principaux pesticides et ses substances actives utilisés sur la salade :

	Spécialité commerciale	DAR (jours)	DRE (heure)	N.A	Substance active	LMR (ppm)	Recommandations
Fongicides	CARLIT EXPRESS	21 ou 28	48	-	Bénalaxyl Mancozèbe Fosétyl-Al	1 5 75	**Mildiou**
	ACROBAT	28	48	3	Diméthomorphe Mancozèbe	10 5	
	Aliette Express	10	48	3	Foséthyl-Al		
	CUIVROL	17	48	3	-Bore0.92% -cuivre18% -Zinc 1.15%		
	INFINITO	14	48	2	Fluopicolide Propamocarde	8 50	
	REMILTINE	21	48	2	Cymoxanil Mancozèbe	0.2 5	
	ROVRAL	21	24	3	Iprodione	10	Botrytis et sclérotinia Pourriture grise
	SIGNUM	14	6	2	Boscalid Pyraclostrobine	30 2	Botrytis, Sclérotinia et Rhizoctonia
	SWITCH (chorus double)	14	48	3	Cyprodinil Fludioxonil	10 15	Pourriture du collet sclérotiniose
	SYGNALS	21	48	3	CymoxanilMancozèbe Folpel	0,2 5 2	
	SCORE (ép et bet seulement)	15	24	3	difénoconazole		
	BION MX(ép et bet seulement)	10	48	3	Métalaxyl-M Acibenzolar-S-méthyl		Mildiou et Anthracnose
Insecticides	DECIS EXPERT	7	6	3	Deltaméthrine	0.5	Pucerons, Noctuelles, Aleurodes Thrips
	FASTAC	7	48	3	Alphaméthrine	0.2	
	KARATE K	14	24	2	-Lambda cyhalothrine -Pyrimicarbe	0,5 5	
	SUCCESS 4	3	6	2	Spinosad	10	
	KARATE EXPRESS KARATE ZEON	10	48	2	-Lambda-cyhalothrine -Pyrimicarbe	0.5 5	
	ALTACOR	3	6 ou 8	2	Chlorantraniliprole	20	
	PREVICUR ENERGY (Filex)	21	48	2	Propamocarbe Fosétyl-Al	15 75	Noctuelles, Pythium Fonte de semis
	MOVENTO	7	48	2	Spirotetramat	7	
	PLENUM 50WG	7	6	2	Pymétrozine	2	Pucerons
	SUPREME TALSTAR	7	6	2	Acétamipride	10	
Herbicides	KERB FLO KERB FLO (été)	28	6	1	Propyzamide	1	Graminées, Dicotylédones
	KLARTAN	13	24	2	Propyzamide	0.5	Dicotylédones
	LEGURAME LEGURAME (été)	15	48	3	Propyzamide	2	
	SKADI SKADI (été)	28	48	2	Propyzamide	5	
	VENZAR (épinard et betterave seulement)	28	48	1	Lénacile	0.5	

DAR : délai d'emploi avant récolte
DRE : délai de rentrée dans la parcelle
N.A. : nombre maximum d'applications
LMR : limite maximale de résidus

Plan de Semis de salade:

Parcelle **E27**

N° de vanne	1	2	3	4	5	6	7	8	9	10	11	12	13	14	15	16	17	18	19	20	21	22
Couleur de S.E	Blonde						Rouge				Blonde			Rouge				Blonde				
Variété	Laitue Tendre																					
date de semis	Sem 40		Sem 41		Sem 42		Sem 43	Sem45	Sem 51		Sem 52			Sem 1				Sem 2			Sem 3	

The ANOVA Procedure

Class Level Information

Class   Levels Values

variétés   10 Barcelona Batavia Extra-frisée Feuille de chêne Island Lollo Rossa Red
ChardMagenta Romaine Tango B Tango R

The ANOVA Procedure

Dependent Variable: rdt /kg/ha

		Sum of			
Source	DF	Squares	Mean Square	F Value	Pr> F
Model	9	47703582.73	5300398.08	4.46	0.0046
Error	16	19007423.88	1187963.99		
Corrected Total	25	66711006.62			

| R-Square | CoeffVar | Root MSE | rdt1/kg/ha_ Mean |
| 0.715078 | 25.44937 | 1089.938 | 4282.769 |

The ANOVA Procedure

Duncan's Multiple Range Test for rdt/kg/ha_

NOTE: This test controls the Type I comparisonwise error rate, not the experimentwise error rate.

Alpha   0.05
Error Degrees of Freedom   16
Error Mean Square   1187964
Harmonic Mean of Cell Sizes 2.020202

NOTE: Cell sizes are not equal.

| Number of Means | 2 | 3 | 4 | 5 | 6 | 7 | 8 | 9 | 10 |
| Critical Range | 2299 | 2411 | 2481 | 2529 | 2563 | 2589 | 2609 | 2624 | 2636 |

Means with the same letter are not significantly different.

Duncan Grouping				Mean	N	variétés
A			7069		2	Tango B
B	A		6494		1	Island
C B	A		6394		1	Red chard Magenta
D	C	B	A	5795	2	Batavia
ED CBA			5150		2	Barcelona
E	D	C	B	4279	3	Feuille de chêne
E	D	C		3930	3	Tango R
E	D			3630	3	Lollo Rossa
E				3109	4	Romaine
E				2897	5	Extra-frisée

The ANOVA Procedure

Class Level Information

Class	Levels	Values
Variétés	10	Barcelona Batavia Extra-frisée Feuille de chêne Island Lollo Rossa Red chardMagenta Romaine Tango B Tango R

Number of Observations Read   26
                    Number of Observations Used   26

Dépendent Variable: nbre de jours

Source	DF	Sum of Squares	Mean Square	F Value	Pr> F
Model	9	1190.767949	132.307550	0.28	0.9723

Error	16	7673.116667	479.569792
Corrected Total	25	8863.884615	

R-Square	CoeffVar	Root MSE	nbre de jours Mean
0.134339	60.25144	21.89908	36.34615

Source	DF	Anova SS	Mean Square	F Value	Pr> F
variétés	9	1190.767949	132.307550	0.28	0.9723

NOTE: This test controls the Type I comparisonwise error rate, not the experimentwise error rate.

Alpha	0.05
Error Degrees of Freedom	16
Error Mean Square	479.5698
Harmonic Mean of Cell Sizes	2.020202

Number of Means	2	3	4	5	6	7	8	9	10
Critical Range	46.19	48.44	49.84	50.81	51.50	52.02	52.41	52.72	52.95

Means with the same letter are not significantly different.

Duncan Grouping		Mean	N	variétés
	A	46.00	1	Island
A		44.00	2	Tango B
	A	41.50	2	Barcelona
	A	41.00	2	Batavia
	A	40.33	3	Tango R
	A	38.00	3	Feuille de chêne
A		38.00	1	Red chard Magenta
	A	38.00	3	Lollo Rossa
A		35.25	4	Romaine
	A	23.60	5	Extra-frisée

Sommaire

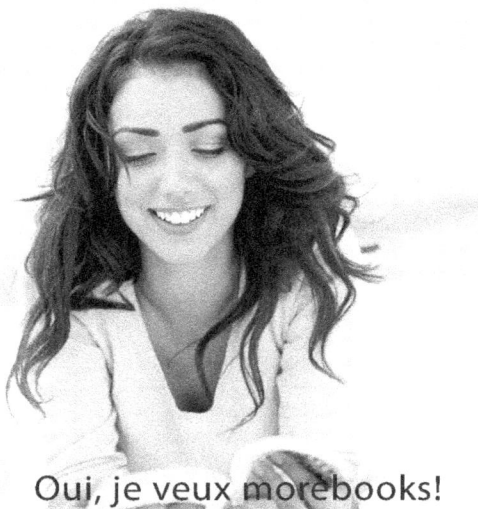

www.ingramcontent.com/pod-product-compliance
Lightning Source LLC
Chambersburg PA
CBHW021605210326
41599CB00010B/617